エコ講座

文明・産業と環境

伊藤章治 著

大学教育出版

はじめに

　レバノン杉（Lebanon Cedar、学名 Cedrus Libani、別名・香柏)は、さまざまに物思いを誘う木である。人類最古の叙事詩「ギルガメシュ叙事詩」は、レバノン杉をめぐってウルクの王ギルガメシュと森番フンババとが死闘を繰り広げる物語だ。また、ソロモンの王宮の柱となったのもレバノン杉だし、アレクサンドロス大王の無敵艦隊の帆柱として艦隊を支えたのもまた、このレバノン杉だった。聖書に登場すること103回。「ノアの箱舟もレバノン杉で造られた」とする研究者もいる。レバノン杉こそは人類史に深く関わり、人類の歩みを見続けてきた木なのである。
　「その木をひとめ、自分の目で見たい」と思い始めて10余年。しかし、レバノン杉がわずかに残るレバノン共和国の政情は不安定で、なかなか思いはかなわなかった。ビザを取り、飛行機のチケットまで入手したのに、出発直前で「中止」のやむなきに至ったこともあった。
　願いがかなったのは2004（平成16）年の晩夏だった。レバノン共和国の首都ベイルートから四輪駆動車でアルゼラブ（「聖なる神の杉の森」の意）と呼ばれるレバノン杉の森に向かった。オリーブ畑やリンゴ畑をぬって、アップダウンの続く険しい山道を進むこと数時間。「聖なる神の杉の森」は、霧が晴れた一瞬、私たちの目に飛び込んできた。その時の思いをどう表現したらいいのか。「驚愕」、いやもっといえば「落胆」に近い。往時は香柏の森だったという標高2,000m〜3,000m級の峰々が連なるレバノン山脈は、今や石灰岩むき出しの裸の山だ。岩肌は晩夏の午後の日差しを浴びて紫色に輝いている。その広大無辺といえる山脈の麓に、ほんのひとかたまり残る緑——。それが「神の杉の森」だった。「森はこんなにも小さくなってしまったのか」「人類は文明化の名の下に、ここまで森を破壊してしまったのか」——。名状しがたい悲嘆が胸に突き上げてくる。森の巨樹は今や千数百本だという。

しかし、森の中に足を踏み入れると、もうひとつの思いも湧いてくる。木々の多くは樹齢1200年〜2000年、最古のものは6500年にも達し、幹周りは10m、樹高も35mを超える。レバノンの夏の空は、地中海とその蒼さを競うかのような紺碧だが、その蒼穹に向かって扇形の緑の枝葉を広げて立つ木々の姿は、聖書の「神の国のどの木もかなわない」の言葉を裏切らない。木陰に佇むと、「人類はこの木を切るというのか」という森番フンババの怒りの声が聞こえてくるような気さえした。

× × × × ×

四日市をはじめ、いくつかの環境（公害）問題の現場を歩いてきたが、レバノン行の後は、「文明史と環境問題を重ねて考えよう」と改めて思うようになった。単なる現場報告でなく、長いスパンで「人類と文明と環境」を考える必要があると思ったのが本書執筆の直接の動機である。そんなわけで第Ⅰ部は「『文明と環境』を考える」とした。第Ⅱ部は「『産業と環境』を考える」とし、戦前の四大鉱害事件（足尾、別子、小坂、日立）や、戦後の水俣病や四日市公害などの日本公害史を探った。哲学者内山節は「歴史を持たないことは、歴史を検証の方法として思考することができない、ということであり、それゆえ思考が単純化する」と書いているが、環境問題でもまた、私たちは歴史から学び、その教訓を未来へと外挿するしか方法はないのではなかろうか。

学生の教科書にとの思いで書いたが、それ以外の人にも手に取っていただけたらうれしい。また、教科書という性格上、畑違いの分野についても触れたが、思わぬ誤りをおかしているかも知れない。ご教示をいただければ幸いである。

文中、原則として敬称は省略させていただいた。

2005年7月

著者

エコ講座
文明・産業と環境

目 次

はじめに……………………………………………………………i

第Ⅰ部 「文明と環境」を考える ……………………………1

第1章 文明と環境 …………………………………………2
第1節 人類史と5つの革命　*2*
第2節 10余年後の展開　*8*
第3節 『銃・病原菌・鉄』　*12*

第2章 それぞれの文明の興亡と環境変動 …………………14
第1節 オリエント文明と環境・その1
　　　──メソポタミア文明とエジプト文明の場合　*14*
第2節 オリエント文明と環境・その2
　　　──レバノン杉がたどった道　*20*
第3節 グレコ＝ローマ文明と環境　*24*
第4節 中世西ヨーロッパ文明と環境・その1
　　　──森との戦い　*31*
第5節 中世西ヨーロッパ文明と環境・その2
　　　──狼との戦い　*37*
第6節 中世西ヨーロッパ文明と環境・その3
　　　──ペスト大流行　*43*
第7節 近代文明と環境問題・その1
　　　──産業革命まで　*49*
第8節 近代文明と環境問題・その2
　　　──産業革命　*50*
第9節 近代文明と環境問題・その3
　　　──アメリカの時代　*54*

第10節　イースター島の教訓　　56

3章　現代文明と地球環境問題 …………………………………… 59
　第1節　水問題・その1
　　——世界の水問題　　59
　第2節　水問題・その2
　　——日本の水問題　　66
　第3節　地球温暖化・その1
　　——温室効果ガスと地球温暖化　　71
　第4節　地球温暖化・その2
　　——「気候変動枠組み条約」、「京都議定書」への長い道のり　　74
　第5節　地球温暖化・その3
　　——どう立ち向かうのか　　88
　第6節　地球の容量・その1
　　——食糧・人口　　90
　第7節　地球の容量・その2
　　——エネルギー　　92

第4章　新しい文明の創造 …………………………………… 96
　第1節　麦の文明、米の文明　　96
　第2節　東方思想再考　　98

第Ⅱ部　「産業と環境」を考える …………………………………… 101

第5章　四大鉱害事件 …………………………………… 102
　第1節　足尾鉱毒事件・その1
　　——足尾銅山の発展と鉱毒事件　　103

第2節　足尾鉱毒事件・その2
　　──人間群像　　107
第3節　足尾鉱毒事件・その3
　　──直訴の意味　　113
第4節　足尾鉱毒事件・その4
　　──緑の再生はなったのか　　116
第5節　別子鉱害事件・その1
　　──前史および新居浜時代　　118
第6節　別子鉱害事件・その2
　　──四阪島の鉱害　　121
第7節　小坂鉱害事件・その1
　　──被害発生から第1回煙害補償五カ年契約締結まで　　126
第8節　小坂鉱害事件・その2
　　──労農提携の時代　　130
第9節　日立鉱害事件・その1
　　──世界一の高煙突　　135
第10節　日立鉱害事件・その2
　　──関わった人々　　142

第6章　戦後の公害　……………………………………149
第1節　水俣病　　149
第2節　四日市公害・その1
　　──コンビナート形成と公害発生　　159
第3節　四日市公害・その2
　　──公害訴訟　　165
第4節　四日市公害・その3
　　──都市再生　　171

第7章　循環型社会へ………173
第1節　新しい哲学を　*173*
第2節　企業の挑戦　*178*
第3節　システムを変えよう
　　——「サービサイズ」という考え方　*180*
第4節　地方の挑戦
　　——菜の花エコ革命　*181*

第8章　循環都市・江戸………188
第1節　世界に先駆けた環境都市　*188*
第2節　今に生きる江戸の知恵　*193*

第9章　明日へ——水素社会への道………198

あとがき………*203*

第Ⅰ部　「文明と環境」を考える

人類史を見続けてきたレバノン杉の古木。(撮影・鍔山英次)

第1章

文明と環境

第1節　人類史と5つの革命

　1994（平成6）年3月3日、東京・有楽町の有楽町朝日ホールに国立国際日本文化研究センター（略称「日文研」）教授・伊東俊太郎のよく通る、そして確信に満ちた声が流れた。この日開かれたのは、その日文研が中心となって1991（平成3）年度から3年間続けてきた「文明と環境」の共同研究のまとめのシンポジウムで、その冒頭、伊東が「文明の興亡と環境変動」と題して総括講演（報告）を行ったのだった。

　「これまであたかも人間の力だけで文明がつくられてきたように歴史が描かれてきた。しかし、文明はやはり人間と自然の相互作用の中でつくられてきたものだ。気候や環境との関係は、文明変動の逸すべからざるテーマである」と切り出した伊東は、人類の歴史で起きた5つの革命、文明の大転換を、①人類革命②農業革命③都市革命④精神革命⑤科学革命――とし、それぞれについて気候と環境変動との関係を追究した研究結果を述べたのだった。「環境変動」と「文明の興亡」を重ね合わせるという方法で、人類史全体を本格的に論じ切った報告は、日本ではそれまでなかったように思う。この日文研報告こそが、人間を含めた生態系全体を考察の対象とする新しい歴史学、「環境史」の日本における嚆矢だったという気がする。

　日文研報告、シンポジウムはその他の地でも行われた。以下は、伊東報告（日文研報告）の概要である。

1. 人類革命（Anthropic Revolution）

　類人猿（ゴリラ、チンパンジー）から人類への移行を意味する変革期で、人類史そのものの始まりである。その「人類革命」は東アフリカで起こり、200万年前～300万年前の間に成立した。300万年前というのは、地質年代でいう新生代の第三紀が終わり、第四紀に移る頃、いわゆる鮮新世（草食哺乳動物が栄えた）から更新世に変わるところ。第三紀の気候は概して温暖だったが、人類成立の第三紀から第四紀にかけては地球の気候は寒冷化し、一部において乾燥化が著しく進行した。アフリカの東部から南部にかけても、それまでの森林地帯が草原となり、ある霊長類は森林を追って北へ北へと移動し、木の実や若芽を食べるという従来の生活様式を踏襲した。その一方で、雑食性のあるものは森を離れ、草原に降りて狩猟を開始するという冒険を始めた。これが人類の誕生に結びついていった。

　人類革命は気候変動で森が草原に変わるという大きな環境危機、環境変動に対する新しい生活様式の選択によってもたらされた。

2. 農業革命（Agricultural Revolution）

　人類はその歴史の99％以上を狩猟採取の生活で過ごし、不安定な「その日暮らし」を続けていた。その人類の一部が、あるところで農耕を発見し、野生植物を栽培化すると同時に、野生動物を飼育化するといった〈食物の能動的な生産と確保〉の営みを開始した変革期をいう。

　これまでは、まずメソポタミアで麦農耕が開始されたとされてきた。それは紀元前7000年くらいに起こったといわれている。しかし、1952年にカール・サウアーが東南アジアでイモ類を中心とした一番古い形の農耕が、豚の飼育とともに始まったであろうという説を出し、ほぼそれが受け入れられるに至った。時代は今から1万年から1万2000年前といわれる。その他、西アフリカ、中央アメリカ（メソアメリカ）、中国でも少し遅れて農耕が開始されたとみられ、農耕は世界の5つの地域でそれぞれ独自に開発されたとの見方が有力だ。

　では、1万年前の地球の気候はどんなだったのか。1万年前頃に氷河時代は終わり、いわゆる後氷期になる。この後氷期は全体として温暖化をもたらし、

気候は湿潤化して、植物がよく繁茂した。そのことがメソポタミアの場合、北メソポタミア・アナトリアの人口増を生み出し、それが今度は逆に食糧の不足をもたらす。その危機回避の工夫として始まったのが「農耕」だったのではなかろうか。

カール・サウアーは東南アジアの農耕成立について、「温暖化に伴う海水面の上昇によって陸地が減少し、人口が稠密化、そこで新たな挑戦として農耕が始まった」とする仮説を出している。

このように「農業革命」もまた、環境変動に大きく関わっているといえる。

3. 都市革命 (Urbanese Revolution)

都市文明の成立を意味し、ユーラシア大陸の4つに地域で、都市的文明が形成された変革期で、前3000年前後である。

都市革命の一番手はメソポタミアのシュメールで、前3500年頃ティグリス、ユーフラテス両河の最下流に、世界最古の文明が形成された。次いでエジプトで前3000年、インダスで前2500年、中国でも前3000年くらいに最初の都市文明、黄河文明より古い長江文明が築かれたとみられる。そしてアメリカ大陸でも、メソアメリカのオルメカとアンデスのキャビンに、前800年頃都市文明が現れている。

この都市文明が成立する前3000年頃の気候変動だが、この時期、「北緯35度の逆転」（注1）が起こる。前4500年から前3500年までは北緯35度以北が乾燥しており、以南が湿潤化していた。それが前3000年以降逆転し、以北が湿潤化、以南が乾燥化する。そしてまさにその乾燥化したところにメソポタミア、エジプト、インダスの都市文明が成立している。私（伊東）はこの乾燥化に伴い、人類が大河のほとりで灌漑による大規模農耕を発達させ、非常に収穫率のよい農耕をつくり上げていったことが大切だと思う。社会的余剰が生まれ、農耕をやらなくても済む人々が現れ、それが都市市民になっていくからだ。農業生産の高まりで、直接に農耕によらない社会集団が一定の限られた場所に集住し、その中に統治体制が出現して、階層が〈王―僧侶―戦士―商工業者〉と分化し、宗教が組織化され、都市の中に祭祀センターがつくられ、手工業が発達して富

の蓄積と交換が行われるようになるのである。

　安田喜憲氏（日文研）は、乾燥化で牧畜民が砂漠を追われ、水を追って大河の中下流に行き、定住農耕民と接触、それによって都市文明が成立したという魅力的な仮説を立てているが、都市革命もまた、気候、環境の変化に深く結びついていたことは間違いなかろう。

4. 精神革命（Spiritual Revolution）

　心の内部の変革、精神の変革で、前8世紀から前4世紀にかけ、イスラエル、ギリシア、インド、中国でほぼ平行して起こった。イスラエルでは旧約聖書の預言者たちが前8世紀頃に現れ、やがてキリストにつながっていく。ギリシアではタレス、ピタゴラス、ソクラテス、プラトン、アリストテレスなどの哲学者が輩出、インドでもマハーヴィーラ、シャカムニなどのインド哲学、宗教が誕生、中国では孔子、孟子、荀子らの諸子百家が登場する。

　この「精神革命」は、前1200年頃から始まる気候の寒冷化に伴う民族移動と深く結びついている。民族移動によって遊牧民が都市の中に侵入してくることが、精神革命のバネになっていると思う。

　都市文明とは本質的に、定住農耕共同体のイデオロギーを基礎にする。定住農耕民の生活は、その農作物の成長に呪術的なものを頼りにする。そこでは大地母神を信仰し、呪術的、神秘的な宗教儀式を発達させる。その文化は類型的にいえば、蓄積的で伝統的、保守的、平和的、呪術的、秘儀的なものであり、さらに情念的でウェットである。

　それに対して遊牧民の生活は、広々とした草原を家畜の牧草を求めて移動するというもので、家畜を守り統制する合理的な判断が重要。また、頭上には広漠たる天が広がり、人々を支配する。そこに信仰の特徴も現れる。戦闘的、統一的、かつ合理的でドライな特徴を持つのが遊牧民の文化である。

　こうした遊牧民の文化が都市に入り、精神革命という思想の合理化が行われる。例えばギリシアの場合──。農耕の神の上にオリンポスの神が乗っかり、天の神になり、そういうものがさらに合理化されて〈万物に一貫する本質的な原理は水である〉とするタレス哲学のような一貫した思想を生んでいく。

この精神革命でも、民族移動を起こした気候変動がその成立に大きく関わっている（注2）。

5. 科学革命（Scientific Revolution）

17世紀、西欧に近代科学が形成されたことで、ガリレオ、デカルト、ニュートンの時代。それが18世紀後半の産業革命に結びつき、さらに今日の科学技術文明、宇宙時代をつくり上げた。

科学革命が起こった時代は、気候的にみると小氷期で環境が悪化、農業生産力が落ち、疫病が流行した。このような気候悪化は14世紀に始まり、17世紀にその頂点に達した。こうした劣悪な自然状況があったがゆえに、フランシス・ベーコンが「自然を支配し、人間の王国を打ち立てる」と言ったのではなかろうか。

そして報告者伊東は「私は素朴な環境決定論を奉じる者ではないが、このように見てくると、人類文明の大転換期と考えたものは、すべて何らかの仕方で、気候・環境変動と関連している。人類文明史の大きな変革期は、むしろ環境が悪化した時に起こっているように思われる」とした。

そのうえで伊東報告は「現代は第6の変革期に差しかかっている。それを導くものは環境問題そのものである。現代文明と環境との関係は、ふたつの点で従来のものと性格を異にする。第一は、今日の環境問題は自然現象でなく、人為的なものが非常に大きいこと。第二は、地球の一地域の問題でなく、全地球的なもので出口のない地球そのものの危機であること。これに正しく対処しない限り、21世紀のわれわれの文明は危うい」と呼びかけた。

以上が日文研報告（伊東報告）のあらましである。

注1　「北緯35度の逆転」とは——。
　　熱帯収束帯（ITCZ）とは、赤道付近を帯状に取り巻く雲列。地球の温暖化や寒冷化に伴って北上したり、南下したりする。現在の7月のITCZの位置は北緯15度付近だが、高温期だった6500年前から5500年前は北緯33度前後まで北上した。このため南西モンスーンの夏雨域が北に拡大、緑のサハラが出現した。逆に、北緯35度以北の地中海沿岸北部やアナトリア高原では、冬雨をもたらすポーラーフロント（寒冷前線）

の南下がITCZによって妨げられ、乾燥化した。北緯35度の北が乾燥、南が湿潤だったのである。

　ところが今から5500年前から5000年前になると気候が寒冷化してITCZが南下、夏期の降水をもたらす南西モンスーンの到達範囲が縮小して、ナイル川流域やメソポタミアは乾燥化、反対にギリシアやアナトリア高原では冬雨をもたらすポーラーフロントが南下して冬の降雨が増加、湿潤気候となった（安田喜憲「5000年前の気候変動と都市文明の誕生」梅原猛ら編『講座文明と環境　第4巻・都市と文明』、朝倉書店）。これを「北緯35度の逆転」と呼ぶが、まさにその乾燥化した地域のエジプトやメソポタミアに都市文明が成立したのだった。

注2　日文研報告からははずれるが、この精神革命とのからみで注目されるのが、和辻哲郎の『風土』（岩波書店）と梅棹忠夫の『文明の生態史観』（中央公論新社）の2つの論文である。和辻は世界をアジアモンスーン地帯、砂漠地帯、牧場（ヨーロッパ）の3つに分け、アジアモンスーンでは「受容的・忍従的」な人間類型、砂漠では「戦闘的」人間類型、ヨーロッパでは「科学的・合理的」人間類型が形成される、とした。初の本格的な「文化多元論」である。

　一方、梅棹は「文明の第一地帯」と「文明の第二地帯」があるとした。第一地帯は西ヨーロッパと日本、第二地帯は中国、ロシア、西アジアなど。第一地帯では、過去の遺産を継承しながら〈狩猟―農耕―封建―近代〉と進化史的な段階を踏んで発展していくが、大きな砂漠地帯を持つ第二地帯では、征服者が前の文明を徹底的に破壊するため、そのたびにゼロから新しい文化を構築、段階的な発展はしない、とした。

　それを梅棹は植物学の「遷移」（Succession）という概念で説明した。一般の森における「遷移」は「自成的遷移」（Auto-genic Succession）。ある地域が火事などで焦土と化すと、最初に一年生の草木が生え、その後、光合成をするために日光を大量に必要とする「陽樹」が生成してくる。陽樹の下は陽が当たらないので、日光をあまり必要としない草木「陰樹」が育ってくる。これらの陰樹は光合成の生産力が高いので、間もなく陽樹よりも高くなる。こうなると陽樹は枯れて、下に苔が生える。この拡大によって、帰化植物が入り込むことなく、それ自体で森を構成し、ひとつの安定した生態系を形成していく。これが「自成的遷移」である。

　対して乾燥地帯では「他成的遷移」（allo-genic Succession）となる。単純な限られた木しかない森の場合、その地域には存在しない植物種が風などで運ばれてきたとする。多くは環境に適応せず、すぐに絶滅するが、中にはこの地域の環境に適応したり、突然変異で適応したりするものが出てくる。この場合、競争する種がない（少ない）ため、外来種は一気に生息地域を広げて、その地域の独占種となる。これを「他成的遷移」と呼ぶ。

このような植物生態学の観点と比較しつつ、第一地帯では自成的遷移、第二地帯では他成的遷移そのままに、ひとつの文明の長期にわたる継承は行われず、侵略や革命などにより外部から侵入した新文明がそれ以前の文明を破壊し尽くし、その地域で巨大な文明を築き上げる歴史を繰り返してきた——と梅棹はみるのである。

第2節　10余年後の展開

その日文研報告から早くも10余年の歳月が流れた。この間、環境史に関わるさまざまな研究が重ねられ、新発見や新知見も相次いでいる。

1. さかのぼる人類の起源

日文研報告では、人類革命の成立は300万年前～200万年前とされたが、現在ではチンパンジーなどとの共通の祖先から分かれて2足歩行する最初の人類・猿人の誕生は700万年前までさかのぼる（900万年前説もある）。

2002年、アフリカ中部のチャドで、700万年前という最古の人類（猿人）の完璧な頭骨の化石が発見された。現地の言葉で「生命の希望」を意味する「トゥーマイ猿人（学名・サヘラントロプス・チャデンシス）」と名づけられた。それまで頭骨の発見としては300万年前の「アウストラロピテクス」が最古だったから、人類の起源は大きくさかのぼることになった。頭蓋の容量はチンパンジーと同じ350ccだった。

ここで人類誕生から新人（現代人）に至る人類史をみておきたい。人類は〈猿人→原人→（旧人）→新人〉という進化をたどってきた。猿人は最近まで、300万年前～200万年前にアフリカで誕生したとみられていたが、前述のように現在では700万年前までさかのぼる。

まず、1994年、世界的な科学雑誌『ネイチャー』に、諏訪元（東大）、ティム・ホワイト（米・カリフォルニア大）が「エチオピアで440万年前の遺跡からラミダス猿人を発掘した」と報告する。さらに2人は2002年には米科学誌『サイエンス』に「初期の人類である猿人の560万年～580万年前の歯の化石6個を発見した」と発表するのである。次いで前述のようにフランス隊が2002年、

700万年前の猿人の頭骨を発見し、人類の起源は一気に大きくさかのぼった。

　猿人の次に登場するのが原人（ホモ・エレクトス）である。約150万年前、東アフリカに原人が現れる。西洋梨のような形にまとめた石器をつくり、火を使用した。アフリカから広がり、北京原人やジャワ原人になっていく。原人は言語による意思疎通も行ったらしい。猿人を滅ぼしたという説もある。その原人が30万年前あたりから後、どうなっていったのかははっきりしない。

　その後に出てくるのがネアンデルタール人である。1856年、ドイツのネアンデルタールの石灰洞で頭の骨が最初に発見され、以後、各地での発見が相次いだ。原人と新人の間の存在で、「旧人」とも呼ばれる。ネアンデルタール人は新人（ホモ・サピエンス）と同じ大きさの脳（1,400cc）を持っていた。30万年前に登場、寒さに適応して〈氷河期の狩人〉となり、最盛期には50万人にまで人口を増やしてホモ・サピエンスとも共存したが、約3万年前に滅んだ。死者の世界に思いをはせる高い精神性を持ち、「ネアンデルタール人を現代によみがえらせ、背広を着せて中折れ帽をかぶせ、ニューヨークの地下鉄に乗せてもふり返ってみる人は誰もいないだろう」（W. ストラウス、A. J. E. ケイヴ）といわれる。

　そのネアンデルタール人がなぜ滅び、ホモ・サピエンスが生き残ることができたのだろうか。ネアンデルタール人が言葉を話していたことは確かだが、気道が短いため複雑な音は出なかったらしい。それに対してホモ・サピエンスは長い気道で複雑な音を操り、人々を組織化し、狩を組織化して生き延びたとみられる。両者を分けたのは言語（文化）だった――。

　そしてわれわれ現代人につながる新人が約20万年前、アフリカで誕生する。この新人については、アフリカから出た原人が各地で独自に進化を遂げながらネアンデルタール人とその仲間に進化し、やがて新人が生まれたとする「多地域多系統進化説」と、新人になる系統はアフリカで約20万年前に誕生し、10万年前に中東に出て、世界に広がったとする「アフリカ単一起源説」とがある。2003年2月、東大の諏訪元らが骨分析から、「ジャワ原人は、新人とは違う系統。ジャワ原人は独自の進化を遂げたがやがて絶滅した」と発表、現在は単一起源説が世界の趨勢となっている。

　また、最近の研究で、地球上には20種類の人類が登場したことも分かってき

た。複数の人類が共存した時代もある。例えば200万年前——。アフリカの乾燥化、熱帯雨林の減少に伴い、2種類の対照的な人類「ホモ・エルガステル」と「パラントロプス・ロブストス」が誕生し、共存した。「ホモ・エルガステル」は身長約170cmでスラリとした体形、狩りを行い肉食だった。「パラントロプス・ロブストス」は身長約150cm、ずんぐり形で、植物の根を食糧とした。しかし、後者は100万年前に絶滅する。肉食の「ホモ・エルガステル」は脳の大きさを900ccまで巨大化させたが、「パラントロプス・ロブストス」は500ccのままだった。

　登場した20種類の人類のうち、生き残ったのはホモ・サピエンスだけだ。私たち人間もまた、「生か絶滅か」のがけっぷちを歩き続けてきたのだと思うと、厳粛な気持ちになる。

2. 農業革命のその後

　農業革命についてのその後の研究成果は——。環境考古学の安田喜憲は、湖の底の泥の分析（年縞分析）などで過去3万年の気象を調べ上げ、氷河期が終わって間氷期が始まるのがアジアでは1万5000年ほど前で、ヨーロッパより早かったことを突き止めた。安田は「この時、50年間で気温が5〜6度も上がるという気候変動で人類は大きなピンチを迎えた。その危機への対応としてまず東アジアで農耕が生まれたと考える。次いで、1万2800年前頃には気候が一気に5〜6度下がるという寒の戻りが来るが、これは西アジアがひどく、モンスーン地帯ではそれほど厳しくなかった。この寒冷化の危機に対応して西アジアに生まれたのが大麦、小麦栽培の農耕だったのでは」との説を提唱している。

　では、日本の「農業革命」についてはどうか。安田は日本で稲作が始まったのは約3000年前の縄文晩期としたうえで、「この頃は気候の寒冷期で、中国大陸や朝鮮半島が、大陸地方からの異民族の侵入によって混乱し、その社会的動乱を逃れた人々が、ボート・ピープルとなって海上に押し出し、彼らが稲作とともに金属器を日本にもたらした」としている。佐藤洋一郎も「（中国では）多分春秋戦国の頃、……大動乱は多量の難民を発生させたに相違ない。彼らは稲と稲作の技術を携え、四方に拡散していったことであろう……東にのがれた一

部は海を渡りまた朝鮮半島を経由し日本にまで達した。彼らが弥生渡来人として日本に水田稲作をもたらし定着させたことはすでに周知のことである」と述べている（「ジャポニカ長江起源説」梅原猛ら編『講座文明と環境　第3巻・農耕と文明』、朝倉書店）。

　こうみてくると、日本の農業革命もまた、まぎれもなく環境変動の産物であった。

3. 解明進む長江文明

　1994（平成6）年の報告時にも、長江文明の存在は指摘されていたが、その後の発掘調査などで長江文明の姿がいっそうはっきりとみえてきた。

　以前は中国文明は黄河文明、前1500年頃の殷が始まりとされていた。しかし現在は、前3000年頃、南の長江に「米の文明」があったとの説がにわかに有力になっている。その代表的遺跡が良渚遺跡である。

　長江下流、浙江省余杭市にある遺跡群で、3方を丘陵に囲まれた東西10km、南北5kmの範囲に54か所の遺跡が分布している。中央にある莫角山では面積30haの巨大な人工基壇が発見され、部分的な試掘で、その上に宮殿が立ち並んでいたことが分かった。また、良渚遺跡の西北辺において、基底部の幅50m、高さ3m～5mの土塁も発見された。城壁か堤防だとみられるが、そうした土木工事が行われたのは権力と労働力があった証拠といえよう。

　同じく下流に、河姆渡遺跡がある。日本文明のルーツではないかといわれ、太陽神信仰を持ち、農家のつくりも日本の古民家とそっくりである。7000年前頃の遺跡とみられる。

　その他、中流域には城頭山遺跡（約6400年前～6200年前）があり、世界最古の水田が発掘されている。

　この長江文明の発見で、「北緯35度の逆転」が都市文明を生んだとする説がいっそう確かなものになった。それまで、四大文明のうち、黄河文明だけが、時代についても位置についても「北緯35度の逆転説」と結びつかなかったが、長江文明は、位置も時代も同説にぴったりと合うからである。

第3節　『銃・病原菌・鉄』

　1997年、カリフォルニア大学ロサンゼルス校医学部教授ジャレド・ダイアモンド（Jared Diamond）が『GUNS,GERMS,AND STEEL ― The Fates of Human Societies』（邦題『銃・病原菌・鉄― 1万3000年にわたる人類史の謎』、草思社）を発表、1998年度のピュリッツァー賞を受賞した。「環境史」のひとつの実りといってよかろう。

　今から1万3000年前、最終氷河期が終わった時点では、人類は世界各地でみな似たり寄ったりの狩猟採集生活をしていた。なぜその後、それぞれの大陸で人類は異なった歴史を歩むことになるのか――という壮大な問いをダイアモンドは投げかけ、その謎解きに挑んでいく。そして彼はこう結論する。

　5つの大陸は異なる歴史を歩んだ。しかしそれは人々の置かれた環境の差異によるものであって、人々の生物学的な差異によるものではない。

　そしてダイアモンドは、重要な差異が3つある、とした。①栽培化や家畜化の候補となりうる動植物の分布状況が、大陸によって異なっていた。余剰作物の蓄積が可能だった大陸は非生産者階級の専門家を養うゆとりを生み出すことができた②発明や知識の伝播や拡散の速度が大陸ごとに大きく異なった。その速度が最も速かったのがユーラシア大陸である。それはこの大陸が東西方向に延びる陸塊だったからである。生態環境や地形上の障害が、他の大陸より少なかった。作物や家畜の育成は、気候によって大きく影響される。つまり、作物や家畜の育成は、緯度の違いによって大きく影響されるために、東西方向に延びる大陸では、作物や家畜が最も伝播しやすかった③それぞれの大陸の大きさや総人口の違い。面積の大きな大陸や人口の多い大陸では、何かを発明する人間の数も多かったはず――。

　「横に長い大陸こそが文化を伝播できたのだ」という意表を突く結論だが、確かにアフリカ大陸は南北方向に広がり、地形や生態上の障害が大きく、伝播

に時間がかかっている。南北アメリカ大陸も、南北が9,000マイル（約1万4,400km）であるのに対して東西は最大の所で3,000マイル（約4,800km）しかなく、とりわけ伝播に時間がかかっている。オーストラリア大陸はどうか。東西は長いが、人間が住める所は点だった。

　これに対してユーラシア大陸は東西が8,000マイル（約1万2,800km）ある。このため約5000年前にウクライナで発明された車輪は、数百年でユーラシア大陸全域に広がった。実はメキシコで先史時代に車輪が発明されたが、南米アンデスにさえ伝わっていない。

　そのダイアモンドが「世界中の親がやるべきことはふたつ」と提案している。「人口爆発を防ぐため、余り子供をつくらないこと。そして消費と廃棄物の量を減らすこと」。

　最後にドナルド・ヒューズの近著『世界の環境の歴史』（明石書店）の一節を紹介しよう。

　　環境史が新しい歴史学とされるのは、これまでの歴史が人間中心であって、政治や経済や権力を中心テーマにしてきたのに対して、環境史は、人間を含めた生態系全体を考察の対象とするからである。（中略）自然環境の変化を視野に入れずに歴史を正確に見ることはできない。その意味で、従来の歴史学は歴史の一部しか見てこなかったことになる。

参考文献
クライブ・ポンティング『緑の世界史（上）、（下）』朝日新聞社、1994年。
ジャレド・ダイアモンド『銃・病原菌・鉄──1万3000年にわたる人類史の謎（上）、（下）』
　　草思社、2000年。
ドナルド・ヒューズ『世界の環境の歴史』明石書店、2004年。
梅原猛ら『長江文明の探求』新思索社、2004年。
安田喜憲『気候変動の文明史』NTT出版、2004年。
安田喜憲『文明の環境史観』中央公論新社、2004年。

第2章

それぞれの文明の興亡と環境変動

　前章で人類史と環境変動の関連を5つの革命でみてきた。では、個別の文明の興亡と環境変動とはどう関わるのであろうか。それを追究した労作が湯浅赳男『環境と文明』（新評論）である。主に同書によりながら、「オリエント文明」「グレコ＝ローマ文明」「中世西ヨーロッパ文明」「近代文明」の4つについて、その興亡と環境変動との関係をみよう。

第1節　オリエント文明と環境・その1——メソポタミア文明とエジプト文明の場合

　「ORIENT」はラテン語の「ORIENS」に由来する。「日の出の地」の意で、西洋史では古代エジプトとメソポタミアを指す。そのオリエントにおいて初めて治水灌漑農耕が登場、大河川の流れる大平原が最初に大規模農耕の場となる。その段階で使われていた石斧では、森の開墾は無理だったからである。

1．メソポタミアの場合
（1）灌漑農耕と都市国家誕生
　約6000年前、メソポタミアの高地から、ティグリス、ユーフラテス川に挟まれた低地の平原に移り住んだ人々はシュメール人と呼ばれた。新しい土地は温暖な気候だったが、土地は冠水しすぎているか、乾燥しすぎているか、偏りがちなうえ、自然氾濫の周期と農作業のサイクルが合致しないのが悩みだった。そのため、シュメール人は洪水を制御して、夏の作付け期には川を分水して灌漑に使うという課題に挑戦、成功する。水量の増減を管理する灌漑を成立させ

て、余剰食糧を生み、世界で最初の都市国家を誕生させたのである。前3000年頃には、8つの都市国家がシュメール地方を支配していたと思われる。エリデゥ、キシュ、ラガシュ、ウル、ウルクなどで、中には人口が1万人から2万人以上の都市も現れたとみられる。

(2) 階級の成立とさまざまな発明

都市国家では早くから聖職者が余剰食糧を管理、寺院は穀類の徴収と再分配のための貯蔵庫の役割を果たした。食糧の余剰が多くなればなるほど、農業以外の活動に従事できる人数が増え、社会の階層化が進む。最下層は奴隷、その上に大勢の小作農、その上に職人層が形成された。そして行政や軍事のエリートたちが上層を形成した。

前3300年頃にはシュメール人は「書くこと」を発明する。先端を鋭く切った葦を、乾いていない粘土に押しつけて文字を書いた。「楔型文字」といわれ、それまでの「口から口へ」の情報に比べ、社会に蓄積される知恵と知識を飛躍的に増大させた。食糧貯蔵と再分配に関する寺院の処理作業の中で生まれた発明だったという。

(3) アッカド王朝と灌漑のネットワーク

シュメール人の都市国家に次いでアッカド王朝が登場した。前2300年頃、アッカドのサルゴンが都市国家を撃破、最初の帝国アッカド王朝を樹立する。その支配は南部の灌漑平原から北東部の雨に恵まれた農業地まで1,200kmに及んだ。しかし、繁栄は100年ほどしか続かなかった。サルゴン王から始まる統一の過程は、乾燥化が本格的に進行した時期と重なり、この時期に灌漑のためのネットワークがメソポタミア全土にできていった。中島健一『河川文明の生態史観』(校倉書房)によれば、幹線運河は幅25m、深さは2m〜3mであった。多くの支線運河は幅7m〜14m、深さ2m〜3mのものが掘られていた。メソポタミア平野の泥土は大きな運河や堤防の築造に適さなかったので、運河の堤防の側面には葦の莫蓙(ござ)を敷いて補強したという。これらの水路でユーフラテス川の流泥を沈殿させたうえで、耕地に水を導いたのだが、水路にはすぐに膨大な泥土が堆積、絶えず浚渫する必要があったのである。この水路は手入れを怠るとすぐ、泥土が堆積してしまい、農業が衰退する構造だった。

（4）王朝崩壊

　前2200年頃、ほとんど雨が降らなくなり、それが約300年続いた。このため天水農業の北部の人々が南部に移動、南部の人口は2倍になってしまう。そのうえ、ユーフラテス川も流量が減り、多くの泥土が流されなくなって、灌漑用水路は次々と埋まっていった。そして食糧不足から飢餓、社会の不安定化が起こり、王権は弱体化、灌漑ネットワーク維持がますます困難になっていく。サルゴン55年、その子2人で計22年、孫37年という4代にわたる治世の末、前2210年～前2160年頃、滅亡。帝国を勃興させた灌漑農業が一転、足かせとなったのだった。〈水で栄え、水で滅んだ王朝〉、それがアッカド王朝だった。

（5）バビロン王朝とハンムラピ王

　アッカド王朝が倒れた後、南のシュメール都市国家が独立を回復、シュメール人の最初の、そして最後の統一国家「ウル第三王朝」（前2112年～前2004年）が成立する。しかし、このウル第三王朝も遊牧民に倒され、灌漑ネットワークは機能しなくなった。

　その後に「バビロン王朝」が成立する。前1900年頃、セム系の遊牧民アモリ人によって「バビロン第一王朝」が成立、メソポタミアの中心は北に移るが、南の灌漑施設も再構築された。この時、ユーフラテス川だけでなくティグリス川も本格的に利用される。ティグリス川は、ユーフラテス川の約2.5倍の流量で、この時期までは利用できなかったのだった。

　このバビロン第一王朝の第6代王が有名なハンムラピ王（在位前1792年～前1750年）である。この時期に、南部メソポタミアの小国分立に終止符が打たれ、メソポタミア全域を統一してバビロン王国がつくられ、古代メソポタミアの最高潮期を迎える。〈目には目を、歯には歯を〉の徹底した「同害復讐の原則」で知られるハンムラピ法典も、ハンムラピ王の制定。前文と282条の条文からなり、「人類がつくった最初の体系的な法典」といわれる。王は法典の前文で自らを「偉大な提供者」と位置づけ、「ウルクの住民に十分な水を供給し……ウラシュのために穀物を貯え、……必要な時に臣民を助ける……高貴な王子」と名乗った。また、灌漑の建設・維持が王の大切な仕事であることも法典は謳っている。そして実際ハンムラピ王は、かつてのシュメールの都市、キシュか

らペルシア湾までの大運河を建設、帝国の灌漑面積を大きく広げ、南部の都市は洪水から守られるようになる。灌漑された畑地は、約2万6,000km^2。東京都のざっと13倍の面積に達したという。

しかし、巨大な敵がひたひたと忍び寄っていた。ハンムラピ王朝は山岳民族に滅ぼされるが、王朝を倒した「本当の敵」は「塩害」だった。河川の水も地下水も、すべて塩を含んでおり、地下水の場合は地表近くになると、水が蒸発、塩分が地中に残ってしまう。初期のシュメールでは、川に沿った堤防を破り、用水路に水を流し込んでその水を畑に引き、終われば堤防の穴を塞ぐという単純な灌漑で農作物をつくった。そのうえ1年ごとに休閑もしていたため深刻な塩害も受けなかったのである。それが前2400年頃から、用水路を張りめぐらす「硬い灌漑」に変わる。アッカドの頃のことで、その結果、灌漑水に含まれるナトリウム、カルシウムが耕地に蓄積、塩害を与え出したのである。

ウルカギナ文書によると、2400BCの頃、小麦と大麦との作付の割合は1：6であったが、その300年後には小麦の割合は2％に減少した。さらに2000BC～1700BCには小麦の収穫記録がなくなってくる。小麦は、大麦に比較して、塩化した作土に弱い。したがって、南部の低地地方から小麦の作付け記録がなくなってくることは、灌漑による耕地の二次的塩化がかなり進行していたことを示している。（中島、前掲書）

塩害対策は、泥土を浚渫し、大量に水を流すしかないのだが、バビロン王朝は外敵にさらされ、王権が弱るとこの対策が取れなくなっていく。王権の盛衰と環境変化が密接にリンク、王権が外敵などで弱ると、生産基盤もまた一気に落ち込んでいくというのがメソポタミアの「宿命の構図」だった。

2．エジプトの場合
（1）自然のサイクルと一致

ティグリス、ユーフラテス川の大規模な洪水に比べると、ナイル川の洪水はずっと穏やかで予測しやすく、農作業上もタイミングがよいものだった。ナイ

ル川はカレンダーのように正確に7月初旬にエジプト南部で増水を始め、9、10月に北に達する。氾濫の深さは約1.5m、流域がどっぷりと水に浸かる。そして10月初旬には南の方から水が引き始め、11月下旬には流域のほぼ全体で排水を終えて、乾燥した状態になる。エチオピア高原から運ばれた豊かな泥土が水とともに氾濫原全体に広がって堆積するので、耕地は自然に肥沃になるし、水分も十分に含んでいる。そこでエジプトの農民は、冬の初めに小麦などの農作物を植え、4月下旬から5月初旬にかけてそれを収穫した。この頃は川の水量も少なくなっており、氾濫原は完全に乾いている。毎年、それが繰り返されたのだった。

「歴史の父」と称されるヘロドトス（前485年頃～前425年）も、エジプトの初期農業についてこう書いている。

> この地域の住民は、あらゆる他の民族やこの地域以外（ナイルの氾濫原以外の意）に住むエジプト人に比して、確かに最も労少なくして農作物の収穫をあげているのである。鋤で畦を起こしたり、鍬を用いたり、そのほか一般の農民が収穫をあげるために払うような労力は一切払うことなく、河がひとりでに入ってきて彼らの耕地を灌漑してまた引いてゆくと、各自種子をまいて畑に豚を入れ、豚に種子を踏みつけさせると、あとは収穫を待つばかり。それから豚を使って穀物を脱穀し、かくて収穫を終えるのである。（『歴史』、岩波書店）

（2）ベイスン灌漑

もちろん、工夫も凝らされた。前何千年という昔から、湛水灌漑＝ベイスン（Basin）灌漑＝が取り入れられている。どういうものか——。ナイル川の流域に、堤防で囲ったベイスン（Basin）を連ね、ナイル増水期の水の一部をベイスン水路で導入し、各ベイスンに水を張って、数週間、湛水し、その間にベイスン内の土地に水を吸収させるとともに有機質肥料分に富む泥土を沈殿させる灌漑方式である。土地に十分な水分を吸収させた後、余分な水を排水し、泥状の地面に小麦などを直接播く。ナイルの巨大な水のエネルギーに逆らわないため、まずナ

イル川西岸でのみベイスン灌漑が導入され、東岸は増水期の水が溢れるに任せた。護岸技術が進み、安全になってから東岸にもベイスン灌漑が広がった。前1900年頃といわれる。このベイスン灌漑は土地生産性の高い農業を可能にし、農業国エジプトを支えた。何と19世紀まで、ベイスン灌漑は続いたのである。

　エジプトでは前3100年頃、統一国家（初期王朝）が生まれ、前2700年頃から古王国時代が始まるが、この頃に灌漑システムが一定の完成を遂げ、ファラオ（王）を頂点とする専制官僚制度も整ったといわれる。自然と耕地を区切り、取水路、排水路によって耕地に適切に水を配分するためには天文学の知識がいる。労働力の組織、運営も必要で、専門官僚が不可欠だったし、統一国家の方が、ナイルを効率的に利用、運営できたのであろう。

　やがて古王国も滅び、前2040年に中王国が起こる。古王国の衰退は、ナイルの水位が急激に低下したことが原因ともいわれる。

　1986年にハッサンが公表したデータがエジプト学者を驚かせた。ナイル川の水位変動曲線が、古代エジプト王朝の盛衰とぴったりと一致していたからだ。先王朝、中王国、新王国、プトレマイオス朝の時、水位は高く、逆に古王国の衰退時、中王国、新王国の衰退時に水位が大きく低下していたのだった。エジプトの盛衰を決めた最大のカギはナイルの水位で、まさに〈エジプトはナイルの賜物〉だったのである。

3. 硬いシステムと柔らかいシステム

　柔らかいシステムのエジプトと、硬いシステムのメソポタミアを改めて比べてみよう。

　①エジプトの灌漑にはメソポタミアの灌漑社会を悩ませたような問題はあまりなかった。エジプトは1年1作だったので土壌が極度に疲弊することもなく、洪水が毎年、泥土を運んでくるので自然に肥沃さが回復した。メソポタミアでは1年おきの休閑が必要だった。

　②エジプトでは塩害も問題にならなかった。エジプトでは夏の地下水位はほぼ全流域で、少なくとも地下3m～4mの深さに保たれていたため、塩害は問題にならなかった。また、前30年にローマはエジプトを支配下に置き、エ

ジプトをローマ帝国の穀倉地帯とする。当時のエジプトではベイスン灌漑によって約100万haの土地が効率的に耕作されていた。

③このエジプトの灌漑システムは、人類史上最も安定したものといわれる。ナイル川の自然の水の循環パターンを利用、強化したもので、大々的に変形させたものでなかったからである。エジプトは今も農業国家だが、メソポタミア（現在のイラク）には廃村や廃市が広がる。また、ティグリス、ユーフラテス両川の河口には、泥がどんどん溜まって海へ海へと張り出している。前3000年頃のティグリス、ユーフラテス両川の河口は、現在のそれより200kmも奥にあった。

④湯浅は、自然のサイクルに逆らいながら人工の灌漑用水路を築き上げたメソポタミアのシステムを「硬いシステム」、自然に寄り添ったエジプトのシステムを「柔らかいシステム」と呼んでいるが、硬いシステム（メソポタミア）より、柔らかいシステム（エジプト）が長命で、環境負荷の大小が文明の寿命を決めていく——は人類史のひとつの教訓といえよう。

第2節　オリエント文明と環境・その2——レバノン杉がたどった道

「人類の文明史を物語る木」といっていい樹木がある。レバノン杉。人類最初の叙事詩「ギルガメシュ叙事詩」や「聖書」に登場、「神の園の木も及ばない」と称えられたレバノン杉は、エジプトやメソポタミアの宮殿の建築材となり、船の帆柱となった。その木を人類は切り尽くし、今や太古の歴史を刻む大樹は千数百本しか残っていない。レバノン杉を通して「文明と森林破壊」を考えてみよう。

1. 香柏と呼ばれた木

旧約聖書「エゼキエル書」は、レバノン杉の神々しいまでの美しさをこう称えている。

見よ、あなたは糸杉、レバノンの杉だ。

その枝は美しく、豊かな陰(かげ)をつくり
丈(たけ)は高く、梢は雲間に届いた。
水はそれを育て、淵がそれを大きくした。
淵から流れる川は杉の周(まわ)りを潤し
水路は野のすべての木に水を送った。
その丈は野のすべての木より高くなり
豊かに注ぐ水の故に
大枝は茂り、若枝は伸びた。
大枝には空のすべての鳥が巣を作り
若枝の下では野のすべての獣(けもの)が子を産み
多くの国民が皆、その木陰(こかげ)に住んだ。
丈は高く、枝は長く伸びて美しかった。
豊かな水に根をおろしていたからだ。
神の園の杉もこれに及ばず
樅(もみ)の木も、その大枝に比べえず
すずかけの木もその若枝と競いえず
神の園のどの木も美しさを比べえなかった。
（日本聖書協会、新共同訳による）

　レバノン山脈の主に1,200m以上の高度帯に育ったこのレバノン杉は、植物学的にはマツ科の針葉樹である。高さ40m、幹周り10mにもなる、王者の風格を持つ木で、長身の幹は大石造建築には欠かせない梁材だったが、乾燥の強いエジプトやメソポタミアにはこれほどの大木はない。両国にとってまさに「垂涎の的」だった。
　このレバノン杉を扱ったのが地元のフェニキア人で、前2000年紀から前1000年紀にかけて海上貿易で活躍した。前13世紀頃からは東地中海での交易を開始、レバノンにビュブロス、シドン、ティルス、ウガリットなどの都市国家を建設した。レバノン杉で竜骨を造った250tほどの帆船で各地と交易、盛んにレバノン杉を運んだという。前12世紀になると西地中海にも進出、北アフリカ、

イベリア半島などにカルタゴなど多くの植民市をつくっている。この交易の過程で、フェニキア人は簡便で近隣の国々にも通用する「アルファベット」をつくり出す。レバノン杉が国際文字の基礎をつくった、ともいえるのである。しかし、フェニキア植民市の雄・カルタゴも3度のポエニ戦争（前264年～前146年）の末に、ローマに東地中海の交易の主導権を奪われ、やがて歴史の舞台から姿を消していったのだが、レバノンの人々は今も、フェニキア人の末裔であることを誇りにしている。

2. エジプト、メソポタミアともレバノン杉の森に執着

エジプト人はすでに前4000年頃から、レバノンの香柏に目を向けている。古王国第4王朝の王スネフル（前2600年頃）の碑文には、「香柏の材木を満載した40隻の船団の到着」と記されている。エジプトはしばしばレバノンに出兵、レバノン杉獲得の行動に出ていた。

一方、メソポタミアも前3000年頃からレバノン杉の森に触手を伸ばしている。人類最古の叙事詩「ギルガメシュ叙事詩」もレバノン杉をめぐる物語である。ギルガメシュはシュメール時代の都市国家のひとつウルクの城主で実在の人物（前2800年頃）とみられる。

物語の粗筋は——。ウルクの王ギルガメシュは、街を立派にしたいと願う。そのためには建築材が必要で、ギルガメシュ王はレバノン杉を手に入れることを計画する。しかし、レバノン杉の森には森を守る恐ろしいフンババがいる。多くに人々が思いとどまるように忠告するが、ギルガメシュは神から遣わされた野生の闘士エンキドゥと盟友となり、森番のフンババ退治に出かける。そしてウルクから1,000kmも離れたレバノン杉の森に分け入り、フンババの首を切ってしまう。その場面を粘土板はこう刻んでいる（[　　]の部分は粘土板の欠落や欠損）。

　　［彼はフンババの］頭を［掴み］金桶に押し込めた。
　　［　　　　　　　］充満するものが山に落ちた。
　　［　　　　　　　］充満するものが山に落ちた。

（月本昭男訳『ギルガメシュ叙事詩』、岩波書店）

　しかし、メソポタミアの最高神エンリルは、フンババ殺しに激怒、罪としてエンキドゥに死を与える。物語の後半は、そのエンキドゥを取り戻すべく、ギルガメシュが「あの世」を旅する物語となっている。
　この物語をどう読むか——。ひとつは「メソポタミア人の香柏への渇望と、その入手のために行動した勇気ある人物の物語」という読み方。もうひとつは「なぜ、神はエンキドゥに死を与えたのか。フンババ殺しこそ、青銅器を手にした人類が森林破壊を開始した、その開始のベルだったのでは」という読み方。人間が森を破壊し、征服した最初の記念すべき出来事だったことは確かである。

3. イスラエルの登場

　エジプトの力が衰え始めた前10世紀頃から、イスラエルがレバノン杉を狙い始める。イスラエル王国第2代王ダビデ、第3代王ソロモンがいかに香柏を渇望したかについては、旧約聖書の「列王記」「歴代誌」に詳細な記述がある。
　ソロモン王はフェニキアのティロスの王フラムに人を遣わせ、「レバノンの香柏を私のために切り出させてください。私のしもべたちをあなたのしもべたちと一緒に働かせます。……あなたのしもべたちの賃金をあなたに払います。……私たちのうちにはシドン人のように木を切るに巧みな人がいないからです」と懇願する。
　これを聞いたフラムは大いに喜び、「香柏の材木と糸杉の材木については、すべてお望みのようにいたします」と返事を出し、それが実現した。ソロモン王はイスラエル全土から3万人をレバノンへ送っている。そうして手に入れたレバノン杉で造ったのがソロモン神殿と宮殿で、神殿は奥行き約27m、間口約9m、高さ約14m。7年がかりで造営され、レバノン杉がふんだんに使われた。宮殿は13年かけて造られたが、その一部「レバノンの森の家」は、奥行き約45m、間口が約23m、高さが約14mで、レバノン杉の柱を4列に並べ、その柱の上にレバノン杉の角材が渡された（「列王記」）。
　しかし、さすがにこうした「香柏漁り」はこたえる。20年がかりの神殿、宮

殿の建築が終わった時、イスラエルはフェニキアのフラム王への負債が払えなくなり、ガリラヤの街を割譲している。

4. その後の受難

その後の受難については、金子史朗『レバノン杉のたどった道』(原書房) に詳しい。同書によれば——。ソロモン王の治世の後、マケドニアの王アレクサンドロスは、ユーフラテス川に浮かべる無敵艦隊のためにこの杉を切る。

7世紀以降、キリスト教の一派で、異端として追われたマロン派や、イスラム教の同じく異端のドルーズ派がレバノン山中で自給自足の生活をし、杉を切った。飼育していたヤギも杉の破壊を加速させた。さらに19世紀にはオスマントルコに支配され、レバノン杉の乱伐が進む。

第一次世界大戦後には、仏領の委託統治となり、香柏の森が切られて集約農業の場となった。とどめは第二次世界大戦で、ダマスカス (シリア) とベイルートを結ぶ鉄道建設のため、枕木用などとして英国軍の手でレバノンの森は丸裸にされた。レバノン杉の巨樹は今、レバノン山脈の麓アルゼラブの森に千数百本が残るだけである。

実はある日本人ががけっぷちに立つこのレバノン杉の再生、復活に奮闘している。広島の造園業戎浩司がその人だ。1994 (平成 6) 年から森の再生への奉仕を始めている。すでに 4 回レバノンに渡り、私財 4,000 万円ほどを投げ打って古木に漢方薬入りの回復剤を注入、枯れかけた樹木にはっきりと回復の兆しがみえてきたという。

第 3 節　グレコ＝ローマ文明と環境

グレコはスペイン語でギリシア人の意。ギリシア文明は前 9 世紀～前 8 世紀にアテナイ、スパルタなど多くの都市国家が成立、前 5 世紀、ペルシア戦争に勝利して、アテナイを中心に黄金時代を迎えたが、前 4 世紀にはマケドニアに併呑され、次いでローマ帝国の支配下に置かれた。

ローマ帝国は西洋古代最大の帝国。イタリア半島のテベレ (Tevere) 河口に、

前7世紀に建てられた都市国家が出発点で、王制、共和制、第1次、第2次3頭政治を経て、前27年、オクタウィアヌスによって帝政が成立したのだった。最盛期の版図は東は小アジア、西はイベリア半島、南はアフリカ地中海沿岸、北はイギリスにまで及んだ。395年、東西に分裂、476年、西ローマ帝国は滅亡した。東ローマ帝国は1453年まで続く。

1. グレコ＝ローマ文明と農耕

　グレコ＝ローマ文明が依拠したのは、オリエント文明のような広大な農地における中央集権的な治水灌漑農耕ではなく、狭い海岸平野における天水農業だった。地中海沿岸は冬を中心に年間500mm程度の雨が降り、工夫すれば天水農業ができたのである。

　基本型は二圃制（圃は畑の意）。冬雨で生育した作物が夏に刈り取られ、秋が来るとそのまま農地を放置、冬雨を吸い取らせる。1年遊ばせ、次の秋に播種して発芽させ、冬雨によって生育させた。これに果樹、牧畜が加わったのが一般的な農業経営だった。しかし、穀物中心の農業は、森の荒廃、土壌の劣化などで衰退、アテナイは穀物の自給を断念して輸入に頼り、農業はオリーブに特化していく。ローマもエジプトから穀物を輸入するようになる。

2. 環境破壊

　アッティカ（中部ギリシア東南端部）にラウレイオン銀山がある。このラウレイオン銀山は、地中海地方で最も通用するドラクマ銀貨の素材を提供したが、その精錬のため、アッティカの森は使いつぶされた。そして前4世紀以降のアテナイが貯木場として依存したのがマケドニアだった。ラウレイオン銀山の労働は奴隷労働が中心の過酷なものだったという。

　鉱山による森の破壊だけでなく、牛とヤギと羊の放牧が環境を大きく破壊した。羊は草や若木を根まで掘り起こして食べる。ヤギは好んで木の若芽や葉を食べ、時には木に登って芽も食べた。ギリシアでは耕作可能な土地は国土の5分の1しかなく、傾斜地などかなりの土地が放牧に委ねられていた。この放牧で山の斜面の緑が引き剥がされ、土壌が相次ぎ流失していった。

人間の手による破壊もまた、深刻だった。生活用の燃料、船や家を造る材料として森の木が切られ、たちまち森を食いつぶした。人々の暮らしのほとんどが森依存だったのである。

ギリシアは貿易立国で、主要輸出品の陶器づくりでも木が大量に使われた。レンガ、鋳造など工業の燃料もまた木（木炭）だった。そしてグレコ＝ローマ文明は次第に、木材資源をギリシアの北のマケドニア、北アフリカのアトラス山脈、黒海沿岸、コルシカ島、レバノン、キプロス島などに頼るようになるのである。

森をつぶした報いは――。まず、保水能力の低下と土壌流出が起こり、谷や低地が埋まり、水はけの悪い不健康な土地になっていった。こうした土地はマラリアの巣になる。前3世紀頃から地中海世界のあちこちで、土壌侵蝕による農業生産の低下が大きな問題となっている。そして〈小農没落→大地主への土地集中→大規模放牧〉でさらに環境は悪化していく。この過剰放牧が地中海地方の活力を奪っていった、といわれる。

3. ローマの鉛公害

ギリシア同様、ローマも貴金属の採掘に必死だった。東洋貿易によって毎年、膨大な金銀が国外に流出したからだ。これに伴い、鉛、水銀、砒素などの有害物質が流出、灌漑水などを汚した。中でもローマにとって深刻だったのが鉛。この時代、鉛は食器や台所用具、水道管などに使用されていた。鉛は採鉱、精錬、成型が容易で、しかも融点が低い（327.2度）。このため鉛は、前4200年頃から使用されていた。鉛は銀山の副生物として生産される。ラウレイオン銀山では、銀1オンス（28.35g）につき、3,000オンスの鉛が副生した。

ブドウ酒も大きな問題だった。前150年頃に、ギリシアの料理法がローマに導入され、妻の飲酒（ブドウ酒）を禁じた古いしきたりが緩んでいく。そして女性の鉛中毒は不妊、流産、死産、高い乳児死亡率などを引き起こした。加えて、化粧品もまた、鉛入りだった。

鉛の出所は大きくはふたつ。ひとつは料理に使う鍋、もうひとつがブドウシロップである。ブドウシロップは蜂蜜とともに当時の重要な甘味料で、同時に防腐剤でもあった。このブドウシロップはブドウ液を液量3分の1になるまで煮詰め

る。この時の鍋が鉛製、ないしは鉛で内張りした青銅製で、焦げないように絶えずかき回すため鉛が掻き落とされて、シロップに混じった。この鉛入りシロップがブドウ酒の風味をよくするとあって、好んでブドウ酒に混ぜられた。さらにブドウ液（ブドウ酒）が酸っぱいとき、少量の鉛を加えることも行われた。「甘味がつく」「酸っぱくなるのを防ぐ」と考えられたからである。

　もとより鉛は人間に有害である。急性では腹痛、胃炎、運動マヒなどを起こし、死亡に至るケースもある。慢性では貧血、神経マヒなどを起こし、ついに発狂する者も出た。

　幸い貧乏人はこれに無縁だった。ブドウ酒は口にできなかったし、食器も陶器だったからである。

　ギルフィランが1965年、「ローマの支配階層を没落させたのは鉛中毒だった」とする論文を発表する。論旨は次のようなものだった（大場英樹『環境問題と世界史』、公害対策技術同友会）。

①ローマの文化は衰退し、進歩が止まった。ただし、技術は進歩した。
②ローマ文化の進歩は技術を除き、上流階層によって支えられた。
③ローマの上流階層は、前1世紀〜2世紀頃誕生したが、異常なほどの速さで消滅している。世代が代わるたびに4分の1に減るという異様なもので、その原因は鉛中毒と考えられる。
④ローマの上流階層の既婚、未婚の女性の鉛中毒は主に、食事を通して引き起こされた。鉛中毒の原因は、ブドウ酒、ブドウシロップ、保存していた果物などであった。
⑤女性の鉛中毒は、不妊、流産、死産、高い乳児死亡率を引き起こし、生まれた子供も回復不能な精神障害を持っていた。
⑥この鉛中毒は、上流階層の消滅をもたらすのに十分であった。このような生殖能力の衰退を引き起こす医学的原因は、他には考えられない。性病は当時は、さほど深刻ではなかった。
⑦一方、ローマの貧困階層や奴隷の食事には、鉛が混入する機会は極めて少なかった。

⑧しかし、ローマの貧困階層や奴隷には、貧困や奴隷人口を制限する動きといった多くの障害があった。
⑨ローマ全体の人口が維持されたところをみると、そうした障害にもかかわらず、貧困階層や奴隷が、困難をおして人口を維持したと考えられる。
⑩上述の③から⑥までの理由から、ローマにどのように富が集中したにせよ、ローマの民族と文化は、鉛中毒によって衰退したといえる。
⑪技術革新（建築、土木、戦争技術を除く）は、古代においては本来、職人階層のものであったから、スピードは落ちたものの維持されていた。

どこまで当時の人々は鉛の害を知っていたのだろうか。急性の害は知っていたろう。慢性の害についての自覚はなかったのではなかろうか。

4. 都市問題の発生

シュナイダーの推定では、古代都市の規模はローマ（2世紀）が110万人、アレクサンドリア（前1世紀）は70万人、バビロン（前4世紀）は35万人だった。どの段階で都市問題（都市公害）が発生したかは、はっきりとはしないが、ギリシア、ローマ時代には、都市問題がはっきりとした形で現れてくる。

ギリシアの場合は──。アテナイは市民15万人〜17万人、在留外国人4万人、奴隷7万人だった。市街地は城壁で囲まれ、その中に家々が密集、神殿や公共の建物も建つ過密都市だった。高津春繁の『アテナイ人の生活』（アテネ文庫、弘文堂）では、次のように描かれている。

> 街路はきわめて狭く、幹線道路というべきものさえも15メートル位のものであった。その道路はあらゆる不潔物の捨て場となり、泥濘にぬかるみ、夜歩きには極めて都合の悪い場所であった。二階から小便つぼの中身をばっさりかけられるなどという出来事もあった。

アテナイなどギリシアの都市は泉の近くに建設されたが、人口増で干上がり、市中の井戸も水位が下がり汚染され、疫病の大流行を防げなかった。前430年

にはアテナイにペストが大流行している。

　ローマの都市問題も深刻だった。ローマも自然成長的に膨張、年とともに混乱の度を増していく。もともと、テベレ河畔の丘の間の低湿地の集落から出発、未曾有の大帝国になっていったのだが、首都（首都機能）がそれに追いつかなかった。

　110万人の人口を抱えるローマだが、ローマ市の大半は神殿、劇場、競技場、公衆浴場、広場などの公共建築によって占領されているため、余地へ110万人の人口が集中した。狭い道路は混乱を極め、カエサルの時代（前101年〜前44年）、一切の車両が、公共目的以外では、日の出から日没2時間前までの間、ローマ市での運行が禁止された。

　ただ、水道には、目を見張るものがあった。前109年、トラヤヌス帝が最初の水道をつくり、その後も次々と水道がひかれた。ローマの水道は「古代社会の驚異」といわれる。水路に蓋をかぶせ、貯水池や沈殿地も造られた。水の汚染と窃盗は厳罰だった。

　だが、貧しい人々は――。ローマ市に集まり続ける人たちのために高層の建物が造られた。

　　312年から315年のローマ市の建造物目録には、1790戸のドムス（有力者の大規模な邸宅）、4万6,602戸の『インスラ（高層の集合住宅）』、29の街道、9本の水道、1,352カ所の『公共水汲み場』、……の存在が記されている。（宮崎正勝『「モノ」の世界史』、原書房）

　時代によって違うが、インスラは5階くらいのものが造られた。そして2階以上には水道はいかなかった。下水道網もつくられたが、洪水の際にはテベレ川の水が逆流して市内を水没させたという。また、水道と同様、2階以上にはいかなかったので、窓から汚水を街路にぶちまける行為も止まらなかった。さらに、帝政末期になると、競技場で人間、動物の殺戮劇が繰り広げられた。「パンとサーカス」を提供するのは皇帝の仕事で、「一日に数百人の人、象など大型動物を含む5,000頭が皆殺しにされ、汚水溜めに投げ込まれた」という記録もあ

る。そうした劣悪な衛生環境のため、ローマはしばしば伝染病に悩まされた。そして、先にみた鉛害やマラリアがこれに加わったのである。

　食糧の問題はどうだったか。ギリシアではアテナイが食糧自給を諦めてオリーブに特化、植民地を黒海沿岸、イタリア南部、シチリア島、エジプトに設定、穀物を集めた。ローマも前3世紀、シチリア島を占領、次いでエジプトを食糧供給基地とした。ローマは前30年、エジプトのプトレマイオス朝を滅ぼして支配下に置き、ローマ市民の穀倉とした。ローマ帝国末期には、エジプトはローマ市民の4か月分の穀物を送ったといわれる。「パンとサーカス」をローマ市民に無料で提供するのが皇帝の役目とされたが、その重い負担が帝国の体力を弱らせていった。

5. そして滅亡

　「グレコ＝ローマ文明ほどその興亡が見えやすい形で進化した文明は他にほとんどないであろう」（湯浅、前掲書）といわれる。一口でいえば、「自然環境と調和ある関係を創造することに失敗」（同）した文明だったのである。

　改めて整理すると――。森林の枯渇、放牧での土地の荒廃などで農業生産力が低下する。ローマの場合、農民は4.5エーカー（約1万8,000㎡）の土地があれば1家族を養うことができるとされていたが、農地の疲弊で小農民は没落していく。小農民はいざという時の兵士。それがいなくなり、傭兵に頼ることになる。追い討ちをかけるように気候変動（雨量の減少など）が加わった。評論家富山和子は「土壌の法則というものがある。それは『いかなる動植物も、土づくりに参加する。参加出来ない種は滅びる』というもの。土壌の生産力を失った文明は滅びる」（中日新聞、2003年12月24日付）と述べているが、グレコ＝ローマ文明はその典型である。

　さらに165年にはローマの軍隊が西アジアから持ち込んだペストが大流行、ところによっては、人口の3分の1が奪われた。もうひとつ、ローマ帝国の拡大とともに外国人がローマに流入、軍隊もゲルマン傭兵が中心となった。彼らは除隊する時、領内に土地と市民権を得た。その結果、国境の内も外もゲルマンに囲まれることになるのである。

ローマは2世紀末から衰退、395年に東西に分裂、410年には「永遠の都」と謳われたローマが西ゴートに占領される。そして476年、西ローマ帝国はゲルマン人の傭兵隊長、オドアケルによって滅ぼされた。「産業革命までのどの文明も、ローマの繁栄に及ばなかった」といわれたローマ文明もまた、「永遠の文明」ではなかったのである。

第4節　中世西ヨーロッパ文明と環境・その1——森との戦い

中世とは西ローマ帝国の滅亡（476年）から、ルネサンスまでの約1000年間を指す。近世ヨーロッパの発展の基礎を築いた時代ともいえる。

1. 中世西ヨーロッパの農業

西ヨーロッパは北緯35度から70度まで南北に広く広がり、気候は亜熱帯気候から寒帯気候まで多様。現在のイギリス、ドイツ、北フランス、ベルギー、オランダなどの地域である。年間雨量が1,000mm内外のところにこの西ヨーロッパ文明が成立した。この文明の基本は森林の除去で、そのための道具は「火」と「斧」であった。

紀元前2000年から紀元後500年にかけては、銅器時代と初期鉄器時代。しかしこの時代、農民にとっては金属は高価で、西ヨーロッパでは森林の除去はほとんど進んでいない。前58年に、ローマの将軍カエサルがガリア（現在のフランス）遠征に行った頃、「この地方の誰でも、60日間の行程を経て森の端までいったものがないし、森がどこから始まるかを聞いたものもない」と、2か月の進軍にもかかわらず森が切れない様を『ガリア戦記』に記している。

ローマ帝国の衰退期、特に6世紀になると、全ヨーロッパで森が前進した。再びの森の開拓はフランク王国のシャルルマーニュ（カール）大帝（在位768年～813年）の時代からである。彼は役人に「能力のある人がいれば、開墾するための森を与えよ」と命じている。すでに鉄器が普及、鉄斧で木を切り、重い粘土質の土地をゲルマン犂で耕すことができたのである。ゲルマン犂は数頭の牛あるいは馬が引っ張るというもので、7世紀頃、西ヨーロッパに普及し、

森林開拓の大きな武器となった。こうした森の開墾は、近年の灰分析から、650年から750年頃にかけて本格的に行われたとみられる。

地中海沿岸の農法は「二圃制」だったが、ヨーロッパでは8世紀に三圃制が登場する。耕地全体を三分し、それぞれの畑に輪作する。それぞれの土地は3年に1年は休閑となり、その休閑地に家畜群が放牧された。また、牛中心から馬中心に移り、馬で農産物を遠方の市場に運ぶことも可能になった。

2. 修道院が先頭に

森との戦いの先頭に立ったのは修道院で、西ヨーロッパの修道士は「祈りと労働」によって自己と社会を変革しようとした。「聖ベネディクトゥス会則」などが、その精神を最も雄弁に伝えている。ベネディクトゥス派は、ベネディクトゥス（480年頃〜547年頃）が創立者。イタリア中部ヌルシアの生まれで、529年頃にモンテ・カッシノ修道院を建て、西ヨーロッパ修道院制の創始者となった。清貧、貞潔などを掲げ、専ら労働と修行に従事した。

次いでシトー派が登場する。1098年、ロベルトゥスによって、フランス南部のシトーに建てられた修道院に始まり、清貧、服従、労働を掲げ、未開墾地の開拓に力を注いだ。

清貧の様とは——。ポルトガル中部にある同国最大のシトー派の修道院「アルコバサ修道院」。ここでは暖房があるのは厨房と写本室だけである。修道士は日の出とともに働き、日没が就寝時間である。ベッドはわらの上に布を敷く。食事は冬1回、夏2回である。

シトー派は12世紀末には500の支院を西ヨーロッパに持ち、そのいずれもが森林開墾と新型農法の中心として活躍した。シトー会修道院は、自家経営と修道院の経済的独立を基本原則とした。そして修道院には風車、水車があり、その利用の普及センターでもあった（湯浅、前掲書）。

こうして始まった森林破壊は11世紀から13世紀にかけて頂点に達した。「大開墾時代」ともいわれる。ヨーロッパの人口は1000年から1340年までに倍増するが、その背景にはこの耕地拡大があったのである。

3. 中世の産業革命

　西暦1000年からの3世紀、ヨーロッパは、はつらつとした上昇期を迎える。人口も倍増するが、この300年に及ぶ経済発展の引き金を引いたのがさまざまな技術革新で、「中世の産業革命」と呼ぶ人もいる。例えば水車。開墾運動の展開で、11、12世紀には水流の豊富な至る所に水車がみられ、製粉を援助した。1086年、イングランドの約3,000の農村共同体に、5,624台の水車があったという。製粉以外に、鍛鉄など工業用にも水車が使われた。川の水量が少なかったり、流れが緩やかすぎたりするところでは、風車が使われた。風車は川が凍っても止まらない。13世紀には大変な数の風車が、特に北ヨーロッパで造られた。

　こうして水車と風車を合わせ、14世紀初頭までには人力を補助する自然の力が、ありとあらゆる産業に取り入れられていく。縮絨（しゅくじゅう）（圧力を加えて毛織物の長さ、幅などを収縮する工程）、鍛鉄のほか、皮なめし、洗濯、粉砕、送風、砥石の作動などにこの「自然の力」が使われた。

　だが1350年を境にヨーロッパは発展の時代から衰退の時代に入り、戦乱と災厄が続く。「戦乱」の代表例が「英仏戦争」。領有問題、王位継承問題などで、中断、休戦も含みながら英仏が1337年から1453年まで文字通り、116年間の戦争、「100年戦争」を戦った。さらに中世の気候は不順で、多雨、飢饉などが頻発、ペストも襲いかかる。加えてイタリアは13世紀に48回の地震、14世紀には51回、15世紀には61回の地震に見舞われた。

4. ヨーロッパの気候

　ヨーロッパの気候は、750年〜1200年（あるいは1230年）は「小気候最適期」と呼ばれる「よき時代」だった。しかしその後、寒冷の時代が始まり、1350年頃まで続く。

　1315年には有名な全ヨーロッパ的な豪雨が襲い、種子までが流失した。1590年〜1690年も、「冷雨の時代」だった。もう少し大きなくくりでいえば、14世紀初頭から19世紀半ばまでは「小氷期（little ice age）」と呼ばれる寒冷期だった。中でも1645年〜1715年は「マウンダー極小期」といわれ、太陽の活動が極端に不活発となった。中世から近代にかけ、ヨーロッパは「気候悪化」に泣

かされたのである。

5. 都市の誕生

　大開墾の結果、何が起こったか。都市が誕生した。三圃制という新しい農法が、森林破壊とワンセットで進み、それが西ヨーロッパの生産力を高め、都市化を推し進めたのだった。都市化とは文明化のことである。すなわち、西ヨーロッパ文明の誕生といえる。それは次のような特徴を備えた都市化だった（湯浅、前掲書）。

　①西ヨーロッパの都市は、西アジア文明（オリエント文明）における「支配の凝集点としての都市」ではなく、「被支配者の経済活動の場」として建設された。
　②地中海周辺の諸都市が地主経済と奴隷主経済の場であったのに対して、農民経済を土台として、それを踏まえた商工業者の経済の場として建設された。
　③商工業者である市民は、ブルジョアとして団体を形成し、その実力によって自衛し、自治権を獲得していった。

　このように西ヨーロッパの都市は「下から自然発生的につくられた都市」だったのである。

6. 中世の都市問題

　西ヨーロッパの都市は小規模だった。コルドバ（スペイン南部）やコンスタンチノープルが50万人〜100万人の人口を誇っていた時、西ヨーロッパの都市はせいぜい数千人、大きいところでも1万人〜2万人だったが、それでも西ヨーロッパ中世の都市問題は、「過密」から起こっている。

　なぜか——。各都市は自己防衛のため、周囲を城壁で囲んだ。また12世紀〜13世紀から建築素材が従来の木材から石やレンガに代わり、高層建築が可能になる。これも都市の過密を加速させた。

　さっそく出てきたのが水問題である。多くの場合、井戸、泉、河川といった自然水をそのまま使用していた。古代ローマ帝国時代に創立された都市は、かつては水道があったが、この頃は破壊されていて使えなかった。本体のローマ

市においても、古代の水道が本格的に再建されるのは16世紀後半である。

　パリでは井戸水が塩分を多く含んでいたので、12世紀においてもセーヌ川の水を飲料水にしていた。水売りもいた。ロンドンもほぼ同様で、テムズ川の水を利用した。ここでは15世紀まで、水道の配管は民間の博愛事業として細々と行われていたのだった。

　下水は——。イギリスの場合、14世紀頃も排泄物は「汚水溜め」といわれる穴に流し込まれることになっていたし、それは夜間に清掃されることにもなっていた。しかし汚水が、土壌に浸透して井戸水を汚染することは避けられなかった。ロンドンやパリでさえ、きちんとした下水（労働者が立って清掃作業ができる下水管）が造られるのは19世紀、終末処理は20世紀になってからである。近代水道も、19世紀になってからだった。

　大気汚染も始まる。13世紀のロンドンではすでに石炭が燃料として使われている。

7. 中世都市の内側

　中世都市では豚やガチョウなどが飼われて、街頭風景を特徴づけていた。それらの動物は街路をわがもの顔に歩き回って糞尿を散らすが、その一方で路上に投げ捨てられた残飯や生ゴミを食べ、道路清掃の役割も担っていた。こんな例もあった。

　　1113年のある日、パリの町はとんでもない出来事に揺れた。豚が王子を殺したのである。事件は肥満王ルイ6世の長子フィリップが、愛馬を駆ってパリ中心部グレーヴ広場（現市庁舎前広場）近くを通りかかった時に起きた。放し飼いされていた豚が一頭、突然行手を遮るかのように跳び込んできたため、王子は驚いた馬から振り落とされ、即死してしまった。———この事件は、首都が当時豚を放し飼いできる状態にあったこと、つまりきわめて不潔な状態にあったことを端的に物語っている。（蔵持不三也『ペストの文化誌』、朝日新聞社）

多くの都市では、都市の清掃人としての豚の飼育が、19世紀まで続いたという。

8. 資源問題と人口

グレコ＝ローマ文明の大きな悩みは森林の枯渇だったが、中世社会を苦しめたのもまた、森林破壊とそれによる木材の不足だった。中世は何もかもを森に依存していたのだ。ギャンペルはこう綴っている。

> 耕地と牧草地の面積を拡大するために何千ヘクタールもの森林が破壊された。木は、この時代の主要燃料（家庭用・産業用）であっただけでなく、家、水車・風車、橋、軍事施設、砦、防御柵、ワイン用の大小の樽の製造・建設原料でもあった。船も機械も機織機も木でできていた。皮なめしや製綱にはある種の木の皮を用いた。ガラス工場や製鉄工場は炉やかまどを活動させるために森林をいくつもまるごと破壊してしまった。50キロの鉄を作るためには、少なくとも25ステール（立方メートル）の薪を燃やして200キロの鉄鉱石を処理することが必要だったのであるが、これによって森林のこうむった損害がどれほど大きなものであったか想像がつくであろう。概算によれば、たった1個の炭焼き窯が半径1キロメートルの森を40日間で薪にしてくべてしまうことができた。1300年のフランスの森林面積は1,300万ヘクタールであったが、これは現代のそれに比べて100万ヘクタールも少ない。（『中世の産業革命』、岩波書店）

13世紀に入ると、木材不足がはっきりと表面に出、イギリスでは石炭が使われ出す。そして石炭採掘が、収益の上がる事業となっていった。

一方、人口は。ヨーロッパ全体で1150年5,000万人、1200年6,100万人、1250年6,900万人、1300年7,300万人と急増した。背景には農業生産力や工業の向上があった。しかし、この人口増大は農業経営を分割して零細化したし、森林や家畜の放牧場までが削られていった。そうしてヨーロッパ社会は自然環境と衝突し、社会としての均衡を失っていったのである。

気候の悪化がこれに加わる。中世末期に気温は寒冷化に向かい、これが農業生産力を低下させた。さらに1347年頃からはペストが大流行、ヨーロッパ人口の3分の1から2分の1が失われたといわれる。多くの耕地が放置され、そして多くの村や都市が消滅した。

9. 近代文明へバトンタッチ

しかし、それでも西ヨーロッパ文明は死滅しなかった。なぜか。湯浅は、要旨次のように説明する（前掲書）——。人口の減少によって増加する1人当たりの耕地面積は、15世紀後半から新しいタイプの農業、牧畜農業を可能にした。さらに重要なことは、労働力不足が封建領主と農民との関係で、農民に大きく有利に働いたこと。労働地代を消し去っただけでなく、生産物地代、貨幣地代にまで切り替えさせた。農民の一部は成長して、企業者となっていった。西ヨーロッパの人口は1300年に7,300万人だったものが、1350年には5,100万人、1400年には4,500万人と激減するが、生き残った労働者の実質賃金は大幅に上昇した。これが文明の危機をくぐり抜ける活力となり、近代文明を再起動させることを可能にして、250年後の近代文明を用意することになった——。

第5節　中世西ヨーロッパ文明と環境・その2——狼との戦い

中世は森との戦いの時代だったが、それは同時に、森の王者・狼との戦いを意味した。

1. ヨーロッパの森が提供した資源

薪、木炭はもとより、家屋や水車の建設のための樫の木も森が提供したし、蜂蜜や照明用の木蝋も森から取った。蜂蜜は古代から「天の雫」として珍重され、砂糖が使われ出す以前の唯一の甘味料だった。蜜蝋はろうそくの材料で、蜂の巣からつくった。落ち葉は肥料になったし、緑の空間は豚の放牧に適していた。どんぐりが豚の餌になったからである。同時に森は野獣の王国で、その王国の主は狼だったから、森を切り開くとは獣、とりわけ狼との命がけの戦い

を意味した。それは8世紀のシャルルマーニュ大帝の時代からナポレオンの時代（19世紀）まで、一進一退で進むのである。

2. 狼のイメージと実像

狼は必ずしも初めから、「人間の敵」だったわけではない。ローマ神話では、建国者の双子の兄弟レムスとロムルスは狼に育てられたとなっているし、エジプトの神話でも太陽神ラーを先導するのは狼神ウプウアウトだった。ゴール人（ガリア人）は勇者の証として狼の毛皮を着、ジンギス汗は「蒼き狼」の末裔だと誇りを持って語っている。

ただ、キリスト教は狼を悪魔の化身とした。羊を襲うもの、人間を騙すもの――というマイナス・イメージが強烈だった。「偽預言者を警戒しなさい。彼らは羊の皮を身にまとって、あなたのところに来るが、その内側は貪欲な狼である」と「マタイによる福音書」にある。

では、狼の実像は――。狼はかつては北半球に広く分布、フランスでは19世紀まで数千の狼が山野を駆けめぐっていた。ロシアでは1949年に2万5,800頭、旧ユーゴスラビア（現・セルビア・モンテネグロ）では1958年に4,000頭が殺されている。トルストイの『戦争と平和』にも狼狩りのくだりが延々と続く。

狼研究者として高名なフランスのダニエル・ベルナールは、狼の優れた特徴を次のように描いている。

体長100cm～140cm、体高（肩までの高さ）65cm～95cm、尾は30cm～40cmと長い。平均時速は40kmだが、わずかな距離なら50km出る。長距離ランナーで、2週間に250kmも走ったという記録もある。毛色は白から黒まで。上下合わせて42本の歯があり、アゴが非常に強力で、ヘラジカの大腿骨を容易に砕いてしまう。視覚、聴覚が発達、嗅覚は抜群である。そのうえ人間に比べられるほどの組織性を持つ。獲物が強い場合は、狩りは群れで行った。

3. 森の破壊と狼の害

狼はかつては森林に普通にいた住人だった。その森がどんどん破壊されてい

く。森林破壊は11世紀〜13世紀が頂点だった。狼の餌は本来は8割が森のネズミだったが、それが森の破壊で消えていった。

「狼は人間を襲うか」の論争があるが、健康な狼が生きた人間を襲った明確な証拠はない——とされている。カナダ政府が懸賞募集したが、「狼に襲われた」との名乗りはなかった（ダニエル・ベルナール『狼と人間』、平凡社）。ただし、狂犬病にかかった狼は人間を襲った。C. C. ラガシュ、G. ラガシュは『狼と西洋文明』（小坂書房）で、次のように書いている。

　「百年戦争」のあいだとその後には、フランスでは狼が増えた。1476年の1年間にパリの周辺では80人以上の人々が狼に食われた。狼はその後数年にわたって荒らし続けることになる。

　C. C. ラガシュらが指摘したように、人間と狼との対立は、戦争、悪疫、気候悪化の時に極度に高まる。狼もまた、飢えるのだ。住み家の森を奪われ、餌を失った狼は人里に出て行くしかなかったともいえる。
　もちろん、人間の側のも譲れない事情がある。19世紀の終わりまで、西ヨーロッパでは羊の飼育は地方に富をもたらす最大のもので、羊毛産業こそが中核産業だった。それゆえ、〈人間と狼の全面戦争〉となっていかざるを得なかったのである。

4. 狼狩猟隊

　首都パリまで狼の進出を許したフランスは、「狼狩猟隊」をつくる。これはシャルルマーニュ大帝（カール大帝）治世の813年に、フランク王国の地方行政官、司法官たちに、その行政区の中に狼狩猟の職務を持った2人の役人を指名することを命じたのが始まりで、初期は私的な組織だった。
　1520年5月、フランソア1世（1494年〜1547年）によって発布された政府命令が、法規に基づいた狼狩猟隊の始まりで、以後、正式な機関となった。時代によって多少の変化はあるが、組織は概ね、次のような形だった（C. C. ラガシュら、前掲書）。

狼狩猟長官は、王が高官から直接1名、任命する。狼狩猟隊長は、狩猟長官が必要に応じて任命した。主に貴族や領主から選ばれた。狩猟隊員は、隊長が部下から選んだ。隊長は最低でも狩猟係1名、騎馬係1名、猟犬係2名、猟犬4頭、追跡犬10頭を維持しなければならなかった。

しかし、人民には不評だった。これらの自称エリートの狩猟官は、多くの猟師や猟犬係り、従者などを引き連れてやってくるため、宿や食糧の負担が大変だったからである。そして農民は、急ぎの仕事を放棄して勢子などに参加させられたし、狼が殺されると重い負担金がかかってきた。

農民は銃を持てない決まりだった。だから1789年の大革命で貴族らの狩猟の特権が廃止されると、農民は大歓迎したという。ただし、大革命後の内乱、貴族の亡命などで狼は増える。そこで1804年、ナポレオンが狼狩猟隊を再建した。狼狩猟隊は1818年から1829年までに、1万8,709頭の狼を退治した。1年に約1,500頭の勘定になる。

1882年には賞金制度も復活、1頭の狼の首に100フラン〜150フランの賞金がかけられた。労働者の賃金が1日数フランの時代だから、高額である。こうして狼は徐々に減り1968年1月を最後に、フランスでは狼の生存の報はない（近年はイタリアから狼が侵入している、との報道もある）。

今、狼はポーランド、シベリア、カナダ、アメリカなどに残るのみである。

5. 強い家族愛

動物学者たちは、狼が恒久的に一夫一婦で、6、7頭が一団となって仲よく家族生活を営んでおり、夫婦、親子の愛情が深い、と口をそろえる。

シートンの『動物記』でも、狼の強い家族愛が語られている。

その1——。1894年、アメリカ・ニューメキシコ州で、広い範囲にわたって牧場を荒らし、どうしても捕らえられなかった「ロボー」という年老いた狼が、妻が捕らえられると身の危険もかえりみずにその後を追い、ついに罠にかかってしまう。

その２──。1890年頃、ミズーリ河の支流の谷間で、目が見えなくなった母親の狼のために、１年もこっそりと食べ物を運んでいた子狼がいた。猟師に見つけられた時、親子がともに助け合いながら、折り重なって死んだ──という話も記している。

その３──。1881年、カナダのウイニベッグで、森で捕らえられた狼の子が酒場に売られ、そこで犬と喧嘩する見世物にされた。見かねた8歳の酒場の息子がそれをかばってやった。いつしか狼はこの少年にすっかりなつき、少年も父親に叱られたり、友達にいじめられたりすると、さっそく狼の小屋に飛び込んで、助けを求めるようになる。ところが少年はちょっとして病気で死んでしまう。狼は少年の遺骸について墓場に行き、その後、猟師に狙われる危険をおかしながら生涯、その付近を離れなかった──。

　狼は幼いうちから飼われると、人によく慣れることを動物学者は一様に認めているし、たとえ飼い慣らされないでも飢えていない限り、人には無害であることを、親しく狼を観察した人は皆、認めている。

6. 日本の狼

　日本でも、狼を飼育した人たちがいる。平岩米吉がその代表格で、1930（昭和5）年から東京・目黒の邸内で朝鮮狼、蒙古狼、満州狼を計9頭、飼った。狼の研究に一生を捧げたこの民間の研究者は、「食物のために自由を売り渡して人間の支配下に入り、かえって野生の仲間を攻撃するようになった犬と、あらゆる迫害に堪えながら、毅然として野生の生活を続けている狼と、果たしてどちらが正しい生き方なのだろうか」と、その著『狼──その生態と歴史』（築地書館）で、狼へのオマージュを贈っている。主に同書によりながら、ニホンオオカミの歴史をみることにする。

　日本にもかつて、本州、四国、九州の各地に「ニホンオオカミ」が、北海道には「エゾオオカミ」が棲息していた。

　「エゾオオカミ」はヨーロッパと同じ大型の狼で、明治の初期にはかなりの

数がいた。先住のアイヌは狼を崇めた。アイヌ語の「ウォセ・カムイ」は、「吠える神」の意である。しかし、明治政府の政策である移民による開拓が進むにつれ、森林の破壊や動物の乱獲で狼の餌であるエゾシカが激減、狼は牧畜用の牛、馬を襲うようになる。徹底的な撲滅作戦（主に薬殺、懸賞金制度も）が展開され、1889（明治22）年頃、絶滅した。

「ニホンオオカミ」は、エゾオオカミより小型で、体高は50cm〜60cm。1905（明治38）年11月23日、奈良県吉野郡小川村において、米人マルコム・アンダーソンが入手した死体（若いオス）が最後のニホンオオカミとされている。

ニホンオオカミは古くは、『風土記』（8世紀）や『万葉集』（同）にも登場する。狼が出没していた明日香（奈良県明日香村）を、「大口の真神の原」と呼んでいる。それが「大口の真神」を経て、「大神」→「オオカミ」になったといわれる。『万葉集』第8巻には、舎人娘子（とねりのいらつめ）の雪の歌が出てくる。

　　大口の真神の原に降る雪は　いたくな降りそ　家もあらなくに

日本でも狼が人を襲ったという記録もあるが、基本的には田畑を荒らす猪や鹿を捕食する益獣として、むしろ崇められた。日本各地に「狼神社」があり、中でも武蔵野国秩父郡三峯山（現・埼玉県秩父郡）の三峯神社や丹後国（現・京都府）の大川神社が有名である。

ではなぜ、ニホンオオカミは全滅したのか。平岩米吉は次の5つを挙げる。①1732（享保17）年に狂犬病が流行、1736（元文元）年には狼、狐、狸にも流行した。この病気によって、狼の神秘性が喪失、家畜や人を襲うだけでなく、死に至る病気をもたらす恐ろしい動物とみられるようになった②病狼の頻発により、単に追い払うだけでなく、銃器による駆除が行われようになった③鹿など狼の餌となる獣類が減少した④開発の進展により、生息場所が狭められ、人間との摩擦を生じる機会が増えた⑤家犬との接触によって、ジステンパーに罹患、狼の生存数が減少した——。平岩は明治になってからでなく、すでに江戸中期に、消滅の端緒が生まれていたとみている。

第6節　中世西ヨーロッパ文明と環境・その3——ペスト大流行

　1994（平成6）年9月26日の日本の新聞各紙に衝撃的な大見出しの記事が躍った。「インド西部　ペスト禍で数十万人脱出」「ダイヤの街ペスト襲う」———。襲われたのはインド西部のグシャラート州で、読売新聞によれば9月21日から5日間で44人が死亡、407人が感染した。金持ちたちの特効薬（ストレプトマイシンなど）買い占めに抗議して、貧困層は診療所や薬局を焼き打ちにした。

　先進国ではずっと以前に絶滅したと思われてきたペスト。このペストこそが世界史のもうひとつの主役で、14世紀、中世封建社会を根底から揺るがしたのだった。病、その背景にある環境変化が、世界史を動かしていった様をペストでみよう。

1. ペストとは

　人体にペスト菌を媒介するのはノミ。保菌者であるノミの咬傷からペスト菌が血液中に注入されることで発病する。そのノミはネズミを宿主とする。そしてネズミは元の世界帝国とそれに伴う戦乱、あるいは十字軍によるヨーロッパ世界の拡大に伴い、ヨーロッパ世界に侵入、拡散した。また、ペスト襲来の14世紀、ヨーロッパの人々は、極度の飢饉で疲れ、痩せていた。

　ペストには腺ペストと肺ペストがある。腺ペストが一般的で、血液中に入ったペスト菌が、1日から1週間の潜伏期を経て、40度前後の腸チフス状の高熱を引き起こす。時には脳神経系や随意筋をマヒさせ、身体硬直やひきつけ、錯乱なども併発して、最終的にはリンパ腺のはれや出血性炎症をもたらす。この腺ペストが皮下出血（膿疱）を伴うと、紫（黒）斑がみられる。ペストが「Black Death」（黒死病）と呼ばれるのはこのためである。死亡率は60％〜70％。人から人への感染はない。

　肺ペストは、ペスト菌の潜伏期間が5時間〜72時間と短い。呼吸器系統が侵されて出血性気管支炎を誘発し、血痰や喀血をみる。心機能が著しく低下、寝返りを打っただけでも突然死することもある。人から人への空気感染で、死

亡率100％。ただし、罹患率は腺ペストの1％足らずである。

2. ペストの歴史

村上陽一郎『ペスト大流行』（岩波書店）によりながら、ペストの歴史をみていこう。

古くは聖書（旧約聖書「サムエル記」）にペストと思われる疾病の記述がみえる。前11世紀頃のことと思われるが、パレスチナ地方に発し、イエルサレム周辺のいくつかの町が襲われた。聖書はこれを「神の人間に対する罰」として描いている。

540年にナイルデルタに発したペストは、たちまちヨーロッパに広がった。コンスタンチノープルに達し、ついにアイルランドにまで及んだ。6世紀にはすでにヨーロッパ世界形成の準備はある程度できており、交通路もあった。その交通路でペストが広がっていった。ただし、猛威を振るったのは基本的には地中海世界においてだった。

11世紀に再びの流行があった。1032年、インド原発で、メソポタミア、ペルシア、小アジアのコンスタンチノープルに達し、翌年、一気にヨーロッパに拡大した。十字軍の戦乱がこの流行に拍車をかけた。十字軍の遠征は1096年から13世紀後半に至るまで、7回行われている。十字軍の船がヨーロッパに帰港した時、ヨーロッパにはいなかったクマネズミが乗っていた。これがペスト菌を運ぶノミの宿主で、「十字軍の戦いにおける真の勝者は、イスラム軍でもヨーロッパ軍でもなく、ネズミだ」——とさえいわれる。

14世紀の流行。これが最大のペストで中世社会を震撼させ、転覆させていく。その後も、17世紀にもヨーロッパでペストが流行、19世紀末には香港などで流行し、日本にも影響が及んだ。この香港のペストが、最後の大流行である。

3. 14世紀の大流行

この「ペスト大流行」の時代のヨーロッパ社会は——。9世紀頃から少しずつ採用され始めていた三圃制が、11世紀から急速に普及して農作物の収量が飛躍的に増大した。大型の犂の利用、馬の利用も収量増大に結びついたし、新田

開墾もまた、容易になった。こうして農村共同体が豊かになると中世都市が生まれ、「都市市民＝ブルジョアジー」としての商工業者が台頭する。11世紀以降の十字軍はこうした都市を活性化させ、中世ヨーロッパは13世紀にひとつのピークを迎えた。

　しかし、14世紀には中世封建社会は最盛期を過ぎる。気候も変化、寒冷な夏、洪水などが頻発、民衆の抵抗力が低下したところに、史上最強のペストが襲いかかったのである。

　なぜ、大流行か——。ここにも環境問題が深く関わる。それまでクマネズミは森を棲み家とし、そのクマネズミを狼が餌としていた。ところが14世紀には森が破壊され、開墾される。そうして作られた畑にクマネズミが棲みつく。一方、森を追われた狼は羊を襲うようになり、人間の手で駆逐されていき、ペスト菌を運ぶクマネズミだけが生き残った。そうしたところに古今未曾有の伝染力を持ったペスト菌がやって来たのである。

　また、13世紀には商業路も発達し、商人や職人の移動も活発になっており、伝染病の流行にはこの上なく好条件だったのである。村でも村内の水車小屋にネズミは集まり、そこから周辺の農村地帯にも拡大していった。

　1347年10月、シチリアがペストの侵入を受ける。翌1348年、ペスト菌は本格的にヨーロッパを襲う。ボッカチオの『デカメロン』は、この時のフィレンツェが舞台である。

4. 西ヨーロッパの死者約3,000万人

　ペストはついにアイルランドにまで行く。犠牲者の数については諸説ある。黒死病前の全ヨーロッパの人口は、1350年頃で約1億人とみられるが、ヘッカーの『中世期の伝染病』では、1348年〜1353年の第1次流行期のペストの死者数を次のように見ている。

　　フィレンツェ——6万人
　　ヴェネティア——10万人
　　マルセイユ——7万人
　　パリ——5万人

アヴィニヨン——6万人
リューベック——9,000人
ロンドン——10万人

1347年から1353年頃まで、間歇的に流行を繰り返したペストの犠牲者は全世界で7,000万人、西ヨーロッパで3,000万人程度と思われる。

5. 黒死病以後の変化とは

ペスト襲来当時のヨーロッパの荘園は、領主と、領主の持つ土地に縛られる農奴と、自由農民とから成っていた。それが農業規模の拡大、新田の開墾などで農業労働力が決定的に不足、農民の立場を強くしていた。自営農民、労賃を払われて農業に従事する層も増加していた。また、〈アダムが耕し、イブが紡いでいた時、貴族なんて奴はどこにいたか〉という標語がイングランド農民の間に流行、農民の一揆やストライキによる権利向上要求も頻発していた。そこに、黒死病——。農村労働力はさらに激減する。当然、労働力不足で労賃は急騰した。

荘園領主は、労賃を払って労働力を購う、というという、すでに顕著になり始めていた当時の「悪習」に頼る以外に、この事態に対処する方法を知らなかった。しかし需給の関係は一方的だった。労賃は高騰を続けた。領主は仕方なく支払えない労賃の代りに、土地を農民に賃貸しという名で下げ渡す、という最も望ましくない手段をとった。農民たちは一揆やストライキのような尊い犠牲を払って、少しずつ手に入れ始めていたこうした権利を、黒死病のお蔭で、たやすく獲得することができるようになった。（中略）M. H. キーンは、（中略）黒死病は「領主社会を崩壊させ、小作農と労働者という二つの社会階級を生み出した、という点で、下層階級の社会に一つの変革をもたらした」と述べている。（村上、前掲書）

6. 神への信頼は？

教会は黒死病によって決定的な打撃を受ける。神は倒れた者に手を差しのべてくれなかったではないか、という不信感が民衆の間に広がっていく。しかし、

一方ではさらなる信仰に向かう人々もいた。寄進は逆に増え、聖堂の新築ラッシュも起きた。そして〈Memento Mori！（死を忘れるな）〉の標語は、神を信じる者も、信じない者も捉え、黒死病期最大の標語となった。

7. その後の流行

　16、17世紀、ペストは再三、ヨーロッパを襲う。パリもロンドンも「ペストの街」となった。この頃は宇宙物理学でいう「マウンダー極小期」（1645年～1715年）に当たっている。この時期、パリは1500年、1510年、1519年、1522年、1529年、1531年と、平均して4、5年に1度ペストに襲われている。たまらず、1531年に「ペスト条例」を制定、清潔な街への取り組みを始め、ここで初めて、ゴミ箱にゴミを捨て、それを塵芥回収人が毎日集めて市域外のゴミ捨て場に投棄するという画期的なシステムが始まるのである。

8. 香港のペストと北里柴三郎

　ヨーロッパの大流行は1720年～1722年のマルセイユが最後だが、1894（明治27）年には香港で大流行、日本もペストの侵入を受ける。日本でも1898（明治31）年から1926（昭和元）年までに2,909人の患者が発生した。この時、「ペスト菌と科学」の壮絶な戦いが繰り広げられるが、その戦いの様は、村上陽一郎の前掲書に詳しい。

　日本から2人の科学者が研究のため、現地香港に派遣された。1人は東大の病理学の大家青山胤通で、東大の派遣、もう1人が北里柴三郎である。北里はドイツのコッホのもとで学び、東大の緒方正規が1886（明治19）年に脚気の病原菌を発見したという論文を出したのに対し強く批判、東大に迎えられないという事態になっていた。福沢諭吉らが見かねて、財界に呼びかけ、北里のための民間の研究所を設立、北里に贈る。東大と北里の因縁の対決の場が香港となった。さらにフランスからはパストゥールの弟子のイェルサン（A. Yersin）が参戦、「人類史上最大の病原菌を発見する」という「戦場」に、3人が立つこととなった。

　北里は勇躍、香港に乗り込み、ペスト菌の発見、分離に成功し、イギリスの

世界的医学誌「ランセット」誌上に発表。少し遅れてイェルリンが「パストゥール研究所報」にペスト菌発見の論文を載せる。一方、青山は不運にも自身がペストにかかり、戦うことなく帰国した。

　北里、イェルサンのどちらが単離した細菌が真正のペスト菌か——。その判定は皮肉にも東大の緒方がつける。結果はイェルサンの単離した細菌こそがペストの病原菌だった。北里のは2種類の菌のうちの1種だけだったのである。

9. カミュの『ペスト』

　カミュの代表作のひとつ『ペスト』は、香港と同じ19世紀の大流行が下敷きだといわれる。カミュは1913年にアルジェリアに生まれ、1957年にノーベル文学賞を受賞するが、1960年、交通事故で他界。46歳の若さだった。

　『ペスト』は1947年刊の長編小説で、舞台はアルジェリアのオラン。ペストが発生し、外部から遮断された孤立状態の中で必死に戦う市民の連帯と友情を、年代記風に描いた作品で、20世紀を代表する小説のひとつとされる。

　病身の妻と引き離されながら黙々と働き、最後に「人間の中には軽蔑すべきものよりも、賛美すべきものの方が多い」と証言する医師で語り手のリュー、「神はいるか」と問い続ける神父など、不条理と戦う人間の姿を描いた重厚な作品で、そこにはカミュの反ナチズムの戦争体験が投影されているといわれる。

10. 大流行はなぜ、消えたか

　次のような理由が挙げられよう。
　①ドブネズミがクマネズミを駆逐した。1727年、ヴォルガ川を越えて、何百万というドブネズミが西進した。ドブネズミはペスト菌の宿主とはならない。
　②レンガ造りの家の登場。それがネズミを締め出した。
　③石鹸の普及と頻繁な下着の取り替え、栄養状態の向上や体力向上があった。
　④検疫システムが確立した。西ヨーロッパは国境全体に防疫線を張りめぐらしてペストに備え、情報を交換した。

　国境を越えた真のヨーロッパ精神もまた、ペストとの戦いの中で生まれた、

といえるのかもしれない。

第7節　近代文明と環境問題・その1——産業革命まで

1. 海へ——ポルトガルとスペイン

　近代のスタートは、大航海（時代）によって切って落とされる。大航海時代時代とは——。15世紀末以来、スペイン、ポルトガルを中心に西欧諸国が探検、航海によって「地理上の発見」を続々と重ね、アメリカ大陸やアフリカ、アジアに進出、それによって「世界を一体化」させた時代を指す。しかし、その手法は植民、略奪など手荒で野蛮なものだった。

　先行したのがスペインとポルトガル。まず、ポルトガルがアフリカに出て行く。1488年に喜望峰に達し、1498年にはヴァスコ・ダ・ガマが喜望峰を回ってインド洋に突入し、インドのカリカットに到着した。こうしてポルトガルが、スパイス中心の東洋物産貿易を打ち立てるのである。

　次いでスペイン。1492年にイタリア生まれの航海士コロンブスがスペイン女王の援助を得て新大陸アメリカを発見する。さらに16世紀にはアンデスを抑え、銀を手中にした。

　その後がオランダ。17世紀にバルト海沿岸から西ヨーロッパに穀物を運ぶ穀物貿（取引）で覇権を打ち立てた。

2. イギリスの登場

　イギリスは18、19世紀、表舞台に登場する。イギリスもオランダと同様、海洋国家だったが、オランダが海を交通路として資源の開発と配分に活動の重点を置いたのに対し、イギリスは国内産業の発展に重点を置いて、世界の覇権を掌握した。

　イギリスの国民的生産力の基礎は農業。囲い込み（エンクロージャー）により、共有地をつぶし、自由な土地利用を可能にしていった。特に18世紀後半からの囲い込みでは、イングランドから共有地が完全に一掃された。

　その背景には人口増がある。イングランドの人口は1340年——450万人、

1470年——300万人、1740年——600万人、1800年——900万人、1900年——3,300万人と15世紀を底に人口増をたどり、18世紀以降爆発する。

　囲い込みの結果、新農法ももたらされる。まず、クローバーなどを導入して地力を回復、休閑を不用にした。三圃制のもとでは3分の1の土地が休閑地だったから、このことで耕地が一気に拡大する。さらにエンクロージャー自体でも耕地は増大、農業生産が増加し、家畜も増加した。「この農業生産力の上昇がイギリスの産業革命への道の背景にあった」（湯浅、前掲書）のである。

　実は、大航海が始まった時代は気候悪化の時代であった。14世紀以降、ヨーロッパは小氷期といわれる寒冷期で穀物生産が大きく低下、さらに森の破壊が土壌を劣化させた。ヨーロッパの人々が住み慣れた地を離れて新天地を求めざるを得なかったのである。

　　（ヨーロッパは）1400年—1480年の間、冬は著しい低温が多く、夏は高温・低温・乾燥・大雨など変動が多く、収穫なしの時もあった。1430年代は、おそらく他に比較するものがないほどの厳冬がヨーロッパの多くの地方でつづいた。（鈴木秀夫『気象変化と人間—1万年の歴史』、原書房）

　また、大航海に伴う船の大量建造のために森林破壊は一層進んだ。スペインの無敵艦隊を破ったイギリスの艦隊の場合も、1艦の製造にオークの巨木2,000本を必要としたという。イギリスの森資源もたちまち枯渇、スカンジナビア諸国との通商関係を強化して、船材を確保、イギリス国内では燃料を木材から石炭に切り替えていった。ここに化石燃料の本格的消費が始まるのである。

第8節　近代文明と環境問題・その2——産業革命

1. なぜ、イギリスで

　産業革命は18世紀後半のイギリスが出発点だった。イギリスで自主的、典型的に産業革命が展開した理由は、①植民地の獲得で、独占的な地位を築き、それによって資本の蓄積が進んでいた②エンクロージャーによって土地を失った

農民が賃金労働者になるという状況があった③石炭、鉄などが国内に豊富だったなどに加え、市民の権利を守る市民革命の思想と仕組みが、他の国より先行、ヨーマンといわれる自由農民の存在があり、彼らが向上心を発揮して起業家になっていった——などが挙げられよう。

　産業革命はまず、〈毛織物産業から木綿産業へ〉という形でスタートを切る。即ち、〈西ヨーロッパ→西アフリカ→西インド諸島→西ヨーロッパ〉という形で展開されていた大西洋の三角貿易において、西ヨーロッパの輸出品に綿製品が新たに参入したのである。綿花生産は新大陸などのプランテーションで行われたが、その労働力はアフリカの奴隷だった。そして本国イギリスは機械制工場で綿生産を爆発的に伸ばして「世界の工場」となり、イギリスと西ヨーロッパ以外の周辺部は「世界の農村」になっていったのだった。

　産業革命はまた、「衣料革命」でもあった。東南アジアの香料貿易でオランダに敗れたイギリス東インド会社が、香料に代わるものとしてアジアから持ち込んだのがインド・キャラコ（平織りの綿布）。手触り、吸湿性、丈夫さ——どれを取っても毛織物を上回り、たちまちイギリス中産階級の女性の心を捉え、「インド・キャラコの国産化」がイギリスの国民的課題となっていった。どんな革命でも、その背後には民衆の熱い夢がある。「コットン革命」もまた、イギリス婦人たちの夢の実現を目指したものだった。

　西インド諸島で綿花をプランテーション栽培、それをイギリスに運び、毛織物工業の技術を生かして大量生産する。その課題に応えたのが紡績機械の発明だった。まずジョン・ケイ（1704年〜1764年？）の「飛び杼」が綿業でも利用できるようになる。次いで1764年にはハーグリーブスが、手回しながら1人で一度に8本の糸を紡ぎ出す紡績機を発明、妻の名を冠して「ジェニー紡績機」と命名した。1769年になるとアークライトが、綿のよじりや巻き取りなどを同時にやってのけ、強い糸を紡ぎ出す水力紡績機を造り上げる。綿糸を織る工程でも、カートライトが水力で動く自動織機を発明し、その動力がやがて蒸気機関である「力織機」に発展（1785年）、産業革命を大きく支えることになる。イギリスは、この綿布の機械による大量生産で1830年代までにインド市場を完全制覇、インド綿業は解体し、衰亡した。

その綿工業の発展は、鉄鋼業、石炭業、機械工業といった関連産業の発展を促した。仕上げは鉄道である。発明家トレヴィシック（1771年～1833年）は小型の蒸気機関を動力とする輸送機関を造るのだが、機関車部分が重すぎてレールを壊してしまった。これを改良したのがスチーブンソン（1781年～1848年）で、1825年にはストックトンとダーリン間45kmを、「10輌の石炭車、1輌の小麦用貨車、21輌の貨車を改造した客車、1輌の特別客車を牽引して時速、約18キロのスピードで走破することに成功した」（宮崎正勝『「モノ」の世界史』、原書房）。その結果、「鉄道の時代」が現出、1845年に3,277kmだった鉄路は、1855年には1万3,411kmにまで増加した。

イギリスにおける石炭生産は急増する。1800年に1,100万tだった石炭生産は、産業革命がひとまず完了した1850年には6,000万tを超えた。

2. 都市問題の顕在化

産業革命は都市問題を一気に顕在化させた。例えばロンドン。1700年に65万人だったロンドンの人口は1801年には90万人となった（その後も、1850年に269万人、1900年に659万人と人口は爆発的に増えていく）。この人口増で、まず深刻な問題となったのが飲料水である。1609年にロンドンの北300kmの泉からの取水を計画、1613年までに60kmの水路が完成するが、90万人の人口に対し、依然、水が足りなかった。19世紀の半ば、ロンドンでは8つの水道会社が、鋳鉄管によって、ポンプで揚水したテムズ川の水を、各戸に配水してしのいでいたが、これが極めて不衛生で、1832年と1848年にはアジア・コレラが侵入、4万人もの命が奪われた。「完全な上下水道の整備」が緊急、不可欠の課題となり、1852年には首都水道法で浄化の強化を水道会社に義務づけ、各水道会社は「砂濾過池」などをつくっている。

下水も19世紀中頃に、イギリス公衆衛生の父といわれるエドウィン・チャドウィック（Edwin Chadwick, 1800年～1890年）の提案で、陶製の下水管を敷設、遠方の汚水溜めに集める体制が取られていった。チャドウィックはイギリスの公衆衛生立法に大きな影響を及ぼしたといわれる「衛生報告」（1842年）の中心的執筆者で、この報告をもとにイギリスは、先進国で最も早く「公衆衛生

法」を制定（公布は1848年）している。

　パリでも、事情はほぼ同じだった。「道路（行政、法規）」を意味するフランス語の「ヴォワリ（Voirie）」は、かつては「ゴミ」や「ゴミ捨て場」を指していたという。

　公衆衛生行政に大きな影響を与えたのがペスト。「ペストの街」だったパリは1531年に「ペスト条例」を制定、その中で「ゴミはゴミ箱、籠にきちんと捨てなければならない」と定めた。

　さらに1567年、シャルル9世が、国と契約した業者に首都の清掃業務を託す。定められた方法で、定められた場所に塵芥を出し、それを公的機関と契約した清掃業者が、定められた場所に投棄するという「近代的なゴミ処理システム」がここに一応の解決をみた。

　パリを衛生都市とした功労者はオスマン（G. E. Haussmann, 1809年〜1891年）である。ナポレオン3世が1852年にオスマンをセーヌ県知事に据え、「首都パリの再改造」を命じる。当時のフランスは産業革命が定着していく時期で、都市問題の難問が山積していた。

　オスマンは放射状に伸びる大道路や公園を造り、今日のパリの形をつくったとされる。さらにオスマンは上下水道の近代化にも当たった。パリから100km以上離れたきれいな泉から水を引くという形で、デュイ水道、ヴァンヌ水道、アーヴル水道が1893年までに完成、パリの上水道問題はやっと解決をみた。

　ペスト条例後もパリ市民は、窓から汚物を捨てていたが、オスマンは19世紀半ば頃までに、近代的な下水道を完成させる。作業員が立ったままで清掃、点検ができる下水道とし、下水は底の溝に流した。その下水はコンコルド広場に集められ、セーヌ川の下流20kmまで持っていって、セーヌ川に放流された。これに伴い1810年代に入ってきたイギリス式水洗便所も普及していく。オスマンは「都市機能を喪失しかけていたパリを蘇生させた人物」といわれるが、パリ改造で8億フランもの赤字が出たため、その責任を問われ辞職させられている。

　岩倉使節団がパリに入ったのは1872（明治5）年11月。煤煙くすぶるロンドンからオスマンによって「美しい都市」に変身したパリを入った一行はこう報告している。

天宮ニ至リシ心地スルナリ。

近代文明の下で都市の空気汚染という難問が生まれた。石炭の使用に踏み切ったロンドンが最も深刻で、労働者の住むイースト・エンドの死亡率は上流階級の住むウエスト・エンドの2倍だった。

第9節　近代文明と環境問題・その3——アメリカの時代

19世紀までは近代文明は西ヨーロッパが中心だった。20世紀になると中心はアメリカに移る。イギリスに起こった産業革命をさらに徹底させ、「20世紀スタイル」といえる〈大量生産—大量消費〉を確立するのである。

1．フォード・システム

「20世紀に最大の影響を与えた人物は、ケインズでもマルクスでもなく、フォードでは」といわれる。彼こそが、現代文明の基本スタイル、〈大量生産—大量消費〉のシステムを実現させた人物で、このアメリカン・システムは瞬く間に、全世界に広がっていった。

ヘンリー・フォード（Ford, Henry 1863年～1947年）は1903年、「フォード自動車会社」を設立、後に「フォード・システム」と呼ばれることになる大量生産方式を実現させていく。フォードはすべての自動車部品をまったく同一規格で作り（互換性部品）、労働者の仕事も細かく一つひとつに分けて単純化した。そしてベルトコンベヤーで移動する部品を、決まった作業で労働者が短時間で組み立てることを可能にしたのである。このベルトコンベヤー・システムは、熟練労働者を必要としないばかりか、作業員の怠業をも一掃した。

1908年、フォードは歴史的な大衆車「モデルT」の開発に成功、それまで平均して1台2,800ドルと「金持ちの道具」だった自動車を、1927年までに250ドルにまで下げることに成功、労働者が買える車にした。1923年には登録自動車数は2,000万台を突破、アメリカに「クルマ社会」が現出した。また、互換部品システム、ベルトコンベヤー・システムはその後あらゆる分野に広がり、ミ

シン、タイプライター、缶詰、織物、食品加工、農業機械などが大量生産されるようになる。

2. 石油の時代へ

クルマの普及はアメリカ人のライフスタイルを変えていく。都市住民が郊外に住み、それに伴ってガソリンを大量に使うクルマ生活へと変わっていった。自動車を中心に、人類が使用した石油の量は、1870年の100万tから、1910年の4,500万t、1950年の5億3,660万tを経て、1960年には10億7,300万tに達した（Cipolla、1962年）。さらに今では、私たちは燃料にとどまらず、石油からプラスチック、繊維、薬品、ゴム、調味料までをつくり出している。現代文明が「石油に浮かぶ文明」と呼ばれる由縁である。

3. グローバル化と現代文明の行き詰まり

1903年、ライト兄弟が航空機を発明、今や航空路は世界に張りめぐらされ、地球は一気に狭くなった。また、1602年誕生のオランダの「東インド会社」が起源といわれる株式会社は、今や「多国籍企業」に肥大、多国籍企業経営者上位3人の資産は、世界の10％の人口を占める最貧国48か国の国内総生産の合計より大きいという。

驚愕のデータがある。山本良一責任編集『1秒の世界』（ダイヤモンド社）によれば、石炭や石油などの化石燃料を使うことで、人類は1秒間に体育館32棟分、39万m³の二酸化炭素を排出している。同じく1秒間に地表の平均気温は0.00000000167℃上昇、グリーンランド氷河は25mプール4杯分が溶け、1年間で琵琶湖の2倍となる。このままいけば地表の平均気温は2100年には5.8℃の上昇となってしまう。人類の生産活動、石油に浮かぶ文明は、明らかに「地球の容量」を超えてしまった。

第10節 イースター島の教訓

　イースター島は南東太平洋、チリ領の孤島である。佐渡島の4分の1ほどの小島だ。1722年の復活祭の日に、オランダ人ロッヘフェーンが到達したことからこの名がついた。

　島の中には600体以上、高さは平均でも6mを超える巨大な石像（モアイ）が残っている。島の最初の住人はポリネシア人と思われ、5世紀頃から島に住みついたものと思われる。彼らは祭祀のために巨大な石像を建てた。10tもの石を運ぶ高度の技術、文化を持ち、1550年頃には人口も7,000人に達し、最盛期を迎える。しかし、その絶頂期を迎えるのとほとんど時を同じくして、突然に崩壊した。

　なぜ──。人口が増えるのに伴い、開墾、暖房、調理用、カヌーの用材などとして森を伐採。さらに石像を島の各地の祭祀場に運ぶため、巨木を切ってコロとしたと思われる。

　すでに1500年頃から木材不足のため、木造家屋の建築が困難となり、多くの島民が洞窟で暮らすようになる。もはや木製のカヌーは造れなくなり、漁もできない状態だった。島の土壌は肥料となる畜糞がないことでかねてから痩せていたが、植生の剥奪がこれに追い打ちをかける。乏しくなる一方の資源では7,000人の人口を支えきれず、人口は急減していった。

　1600年を過ぎると、イースター島社会は衰退期に入り、次第に未開状態に逆戻りした。カヌーも造れない島民は、自ら招いた環境破壊から逃れることもできず、遠く隔絶した島に閉じ込められた。加えて──。枯渇していく一方の資源をめぐって争いは日ごとに激しくなり、蛋白源が少なくなるに及んで食人も始まった。対立部族の石像は引き倒されていった。

　最初にヨーロッパ人がやってきた時には、ほんの数体の石像だけが辛うじて立っていたが、「どうやって石切り場から石像を運んだのか」と訪問者に聞かれて、未開人と化した島民はもはや祖先の成し遂げた偉業を語り得ず、「巨大な石像が自分で歩いて行ったのだ」と答えたという。

島の資源の限界がはっきりと見えてきた時でさえ、氏族の特権と地位を誇示するために島民は次々と石像を造り、木を切ってコロとして島の反対側まで運んでいる。それを「愚行」と批判するのはたやすいが、有限の資源、増える人口にもかかわらず、大量消費や贅沢を続ける現代人は果たして、イースター島の人々を笑うことができるのだろうか。

　そのイースター島で今、島再生への挑戦が始まっているという。観光立島を目指し、倒れたモアイ像の立て直しと植樹が開始されたのだ。1995年から3年かけてまず15体のモアイ像の立て直しを行う。その後もモアイ像復元の作業は続き、今、39体の像が島に立っている。

　島の「滅亡」の原因となったのが森の破壊だったが、現在、子供たちも加わって植樹、植林が進んでいる。

　イースター島はしばしば「ミニ地球」として語られてきた。「地球もまた、イースター島と同様に、資源を使い果たして滅びの道を歩んでいるのではないか」と語られてきたのだった。その島で今、再生の挑戦が始まったことは何とも象徴的である。

　今ならまだ私たちにも、「文明の暴走」に歯止めをかけ、地球が生き延びる道を探る余地が残されていると思いたい。

参考文献
中島健一『河川文明の生態史観』校倉書房、1977年。
大場英樹『環境問題と世界史』公害対策技術同友会、1979年。
金子史朗『レバノン杉のたどった道』原書房、1990年。
湯浅赳男『環境と文明』新評論、1993年。
月本昭男訳『ギルガメシュ叙事詩』岩波書店、1996年。
エマニュエル・ル＝ロワ＝ラデュリ『気候の歴史』藤原書店、2000年。
宮崎正勝『「モノ」の世界史』原書房、2002年。
鈴木秀夫『気候変化と人間―1万年の歴史』原書房、2004年。

ギャンペル『中世の産業革命』岩波書店、1978年。
今野国雄『修道院』岩波書店、1981年。
村上陽一郎『ペスト大流行』岩波書店、1983年。

C. C. ラガシュ、G. ラガシュ『狼と西洋文明』八坂書房、1989年。
ダニエル・ベルナール『狼と人間』平凡社、1991年。
平岩米吉『狼―その生態と歴史―』築地書館、1992年。
蔵持不三也『ペストの文化誌』朝日新聞社、1995年。
クラウス・ベルクドルト『ヨーロッパの黒死病』国文社、1997年。

鯖田豊之『都市はいかにつくられたか』朝日新聞社、1988年。
宇田英男『誰がパリをつくったか』朝日新聞社、1994年。
奥田宏子ら『ヨーロッパの都市と思想』勁草書房、1996年。
梅原猛ら編『講座文明と環境　1巻〜15巻』朝倉書店、1995〜1996年。

第3章

現代文明と地球環境問題

第1節 水問題・その1——世界の水問題

　この章では「現代文明の歪みや行き詰まりが、環境問題という局面でどう現出しているか」を検証する。まず、水問題から検討するが、結論を先に述べれば①化石燃料の使用と同様、水でも地下資源（地下水）を再生不能な形で過剰使用している②北の世界の水の大量使用に対し、南の国々では水不足で健康、生命の危機に直面するという南北問題が、水問題でも抜き差しならない局面にきている③人間の生存に関わる水までが、水道事業の民営化などで、市場の論理に裸で曝されようとしている——など、大きな問題点、矛盾が横たわっている。

1．水戦争の世紀？
　1995年、世界銀行副総裁のイスマエル・セラゲルディン（Ismail Serageldin）が、ワシントンDCのプレス会見で、「20世紀、多くの戦争が石油争奪が原因で勃発したが、21世紀は水をめぐる戦争が起こる可能性がある」と発言、このセラゲルディン発言はメディアによって世界中に報じられた。
　水問題の深刻さは①石油と違い代替物がない②人間も地球も3分の2は水でできている③食糧危機に直結する——など。水問題はまさに21世紀最大の環境問題のひとつである。

2．地球上の水
　地球上には約14億km³の水が存在すると推定されており、地球生成時からこ

の量は変わらないという。しかし、海水が約97.5％、氷河などが約2.5％で、私たちがすぐ利用できる川、湖などの淡水は何とわずか0.01％ほどである。

　20世紀、人口は3倍増なのに、水使用は約6倍になった。現在でも、毎年300万人〜400万人が水系伝染病によって死亡、そのうち200万人以上が下痢による子供の死亡である。現在すでに、中国、インド、中央アジア、中東などの31か国が水不足に悩んでいるが、世界人口が78億人（国連中位推定）となる2025年には、48か国に増えるとWWC（世界水会議）は推定している。

3．広がる危機
（1）地下水の枯渇
　ほとんどの大陸において地下水位が低下している。
アメリカ——中西部を縦に貫く巨大な大地下水脈が「オガララ帯水層」である。南北およそ2,000km、日本の国土面積の1.2倍の広がりを持つ世界最大級の地下水脈で、貯水量は琵琶湖の約167倍の約4兆tという。農民たちが20世紀半ばから、この巨大なオガララ帯水層を利用しての灌漑の拡大に成功した。しかし、すでに南部などで枯渇が始まっており、1982年から1992年にかけて、テキサスの灌漑地域は11％も縮小した。今も年間120億t、帯水層の水が減少しているとみられる。
インド——約600万基のポンプで全国的に揚水しており、大半の地域で地下水位が低下した。井戸を深く掘らねばならず、その費用が出ない農民は土地を捨てている。
中国——中部と北部では、地域によって地下水位が30m以上も低下した。また、黄河は1997年には200日以上も、水が河口に届かない「断流」が起きている。このため、比較的水の豊かな南の長江から、水の少ない北の黄河へ水を送る「南水北調」プロジェクトが始まった。ルートは3つで、工事費総額は約6兆5,000億円。最終的には現在の日本の水使用量の半分以上に相当する年448億tが、北部に送られるという計画だ。全部の完成には30年から50年かかるうえ、「限りなき首都肥大」を招く懸念も残る。

（2）国際河川が抱える悩みと対策

　ティグリス、ユーフラテス川では、上流トルコと下流シリアなどとの対立が激化している。トルコが造ったのは総貯水量487億tの巨大ダム・アタチュルク・ダムで、琵琶湖のおよそ1.8倍。これでトルコの農業生産が一気に上昇、綿花の3毛作が可能になった村も出ている。一方、下流のシリアでは、雨季でもユーフラテス川の水位が2mも下がってしまった。シリアは「ユーフラテス川の水を毎秒500t以上流すという協定を、上流のトルコは守っていない」とトルコに抗議している。

　その他、「世界諸国の半数近くは、300近くの国際河川流域に接しており」（『世界水ビジョン』、後述）、上流国のダム建設が下流国の水不足に直結するなどの火種を抱えている。

（3）インダス川協定

　国際河川をめぐる数少ない成功例のひとつが「インダス川協定」である。インダス川はチベット高原に源を発して、カシミール地域、パンジャブ地域を経由してアラビア湾に流入する。インド、パキスタン両国が流域に位置する。1947年、両国がイギリスから独立、その結果、パンジャブ州の西側とシンド州がパキスタン領、パンジャブ州の東側がインド領となったが、灌漑用地の水源が相手国の領土になるなどのねじれが起こった。

　1951年2月、アメリカ原子力委員会の委員長やテネシー渓谷開発公社（TVA）の会長を歴任したリリエンソールが私人として両国を訪問し、インダス川についてインド、パキスタンが共同で管理してはどうかと提案した。同時に、両国と世界銀行（世銀）が共同で運営する「インダス川開発公社」の設立も提案したのだった。そして世銀のブラック総裁が1952年2月、両国の首脳と会談。実務者会談が開催されるが、まとまらなかった。やむなく世銀が、次の4項目を両国に提案する。

①インダス川西側の3河川については、カシミール地域で取水されているわずかな水量を除いては、パキスタンがそれを利用する権利を持つ。
②東側の3河川の全水量については、インドがそれを利用する権利を持つ。

③パキスタンは現在東側の3河川から取水している水量を、西側の3河川からの取水に振り替える。そのための用水路の建設期間（約5年）は、パキスタンによる東側3河川からの慣行的な取水をインドが保証する。
④パキスタンが水源を振り替えるために必要とする用水路の建設。

　完全な統合管理は諦め、東側はインド、西側はパキスタンが開発・利用するという後退案である。これに対しインドのネルー首相は1954年3月、原則同意を表明したが、パキスタンは「西側の3河川の自然流量は、東側の3河川での取水量を振り替えるには不足している。西側の河川に貯水池を建設せよ」と主張した。世銀は1956年5月に、パキスタンの主張を入れてパキスタン領に貯水池を建設する必要があることを認める決定をする。この費用は本来はインドの負担となるはずのものだが、インドが難色を示したため、世銀と先進国の贈与、借款によって負担する案を提示、やっと両国が合意して1960年9月に調印、同年6月にさかのぼって発効となった。
　協定で両国代表で構成される常任委員会が定期的に現地視察、水量に関するデータなどを交換することになった。この「インダス川協定」は今も機能、この間の2回のインドとパキスタン間の戦争でも破棄されることはなかった。上、下流国が合意に達することでともに利益を享受し得る状況が存在することと、上下流国以外の第三者、それも特に上流国に対して影響力を行使しうる第三者の存在が重要であることを、このケースは教えてくれる。

（4）縮む死海

　子供の頃、「えっ、本当にそんな世界があるのか」と驚きを禁じ得ないいくつかの「物語」があった。水上で人間の体が自然に浮く、そしてあお向けになって本や新聞を読むことができる——という「死海」の物語もそのひとつだった。その死海が今、大量の水使用で年々、痩せ細っているというのだ。「いずれは死海は消えてなくなるのでは」との悲観論まで出ている。
　2005（平成17）年春、その死海を訪ねた。さっそく「浮遊体験」に挑んだが、風の強い日であったためか、体が浮くには浮くのだが、横揺れして安定しない。水上での快適な読書とは参らなかったが、ともかく貴重で奇妙な体験ではあっ

た。その死海が消えていくなどという事態は断じてあってはならない、と改めて思った。地元ガイドのマジディ・サレムによると、湖面は毎年、1m近く下がっているという。それを裏付けるように、水面近くの湖岸は塩の付着で真っ白に変色しており、対策が急務だと思われた。

死海はイスラエルとヨルダンの国境に位置する琵琶湖よりやや小ぶりの内陸の塩湖である。実質的にはヨルダン川が唯一の水源（流入）で、流出する川はなく、蒸発で水位のバランスが保たれていた。そのため、蒸発で湖中の塩分はどんどん高まり、今では海水の約10倍の約30％。人間の体も沈まず、湖中には生物はいない。「Dead Sea」と呼ばれる由縁である。

ヨルダン地溝帯の最も低い部分を占め、かつては湖面は海面下397mで安定、地球上で最も低い地点といわれてきた死海だが、近年ではイスラエル、ヨルダン両国が農業用水などとしてヨルダン川から大量に取水、朝日新聞（2004年7月9日付）によると、1930年代に年に13億m^3だったヨルダン川から死海に注ぐ水量は、2000年には3億m^3にまで低下、水位も70年間で26mも下がってしまった。これに伴い深刻な事態も起こっている。塩分の濃い死海の水位が下がると、沿岸部地下の塩水の水位も下がる。そして代わりに淡水の地下水が流れ込んで地層の中にある塩の層を溶かしてしまう。すると突然、地中に穴ができ、ある日突然、地表が数メートル陥没する。これを「シンクホール（sink hole＝沈む穴）」と呼んでいるが、イスラエル側にはすでに100前後のシンクホールができてしまった（朝日新聞、2004年7月9日付）。こうした深刻な事態に対し、ヨルダン、イスラエル両国は約200km離れた紅海から水をパイプラインで運ぶ計画を立てているが、死海の環境に与える悪影響を心配する声も強く、実現への道は厳しそうだ。

（5）食糧危機に直結

世界の水利用の分野別シェアは、灌漑70％、工業用水20％、都市用水10％。水不足は即、食糧危機に結びつく。中国、インド、アメリカは世界の3大食糧国だが、そうした国で地下水位の低下が著しい。地下水の過剰汲み上げは、世界で年間1,600億t。これで1億6,000万tの穀物（世界全体の約1割）を生産している。穀物1億6,000万tとは、4億8,000万人分の食糧に相当するが、その

生産が「持続不可能」な形で行われていることになる。

（6）バーチャル・ウォーター

「世界の水問題」という文脈の中で、「日本の水問題」を考えてみよう。日本は穀物の約7割を輸入に頼っている。穀物を初めとするそうした輸入農畜産物を国内で生産したとすると、どの位の水が必要となるのか。それを「バーチャル・ウォーター」とか「間接水」と呼ぶが、日本の場合、何と年間約640億tとなる。国内消費（年間890億t）の約7割に相当する水を海外に依存していることになる。日本は、水の大量輸入国である。

4. 現状認識

世界の水関係者1万8,000人が協力、2000年に『世界水ビジョン』と題するレポートをつくり上げた。同レポートは「現状のシステムでやっている限り、危機は拡大する」と指摘、さらに安価な小型ポンプ、電力とディーゼル燃料への助成により、灌漑用地下水の過剰な汲み上げが行われ、多くの重要な帯水層では、地下水面が数メートルも低下した、とも指摘し、「世界の年間水消費量の10％は地下水資源を枯渇させる形の過剰汲み上げと思われる」と報告した。また、「ほとんどの国では水は極めて細分化された制度によって、分野ごとに個別に管理されている。これは多様な用途に水を配分するには有効な制度ではない」とも指摘した。「人口の増加により、人口1人当たりに得られる再生可能水資源の年平均は、現在の6,600m^{3}から、2025年には4,800m^{3}に減少すると思われる。これらの水資源が不均一であることを考えると、人間に水ストレスを引き起こす限界とされる1人当たり1,700m^{3}未満の水しか得られない乾燥地帯、または半乾燥地帯の国に、30億人強が居住することになる」と今後のさらなる深刻な事態を予測している。

5. では、どうする

レポートは次の7項目を提言した。

①灌漑農業の拡大を抑制する。
②水の生産性を向上させる。

③貯水量を増加させる。
④水資源管理制度を改革する。
⑤流域での国際的協力を強化させる。
⑥生態系機能の価値を評価する。
⑦技術革新を支援する。

　そしてこれらの対策に、1995年〜2025年までの期間に1年当たり1,500億ドルの手当てが必要、としている。さらに具体的対策として節水を呼びかけている。人間が生きていく最低限として1日1人、50ℓの水が必要（世界保健機関）だが、すでに現在、それ以下の国が世界に55ある。一方、アメリカでは家庭での1日1人当たりの使用量が約400ℓ、日本、ヨーロッパも約200ℓで、先進国での節水が焦眉の課題である。

6. 日本で「世界水フォーラム」開催

　2003年春、京都、大阪、滋賀を会場に「第3回世界水フォーラム」が開かれた。180の国と地域から、約2万4,000人が参加、閣僚宣言で「流域一体の原則」などが確認された。最大の論争、対立点となったのが「水は公共財で、基本的人権に属するのか」、それとも「市場の論理＝商品化」の道か——という点。フランスを中心に水の商品化の動きは加速しているが、これで貧困層のニーズを守ることができるだろうか。

7. 背後に気候変動

　水が水問題だけでは終わらないのが21世紀だ。世界の洪水被害は1973年〜1977年までの年平均が2,000万人だったが、1993年〜1997年の年平均は1億3,100万人となった。地球温暖化が進めば、「降るところは一層降り、降らない所は一層降らない」となる。温暖化を抑えることこそが水の問題の解決にもつながる時代を私たちは生きているのである。

第2節　水問題・その2——日本の水問題

日本での水問題に対する取り組みを見る。下流地域では雨水の利用、中流地域では緑化、浸透枡などによる地下水涵養、上流地域では水源林、森づくりなどが大切である。

1. 墨田区の雨水利用（下流地域）の実践

（1）まず、国技館から

1982（昭和57）年、台東区の蔵前から、墨田区の両国へ、大相撲の国技館が移転という計画が持ち上がる。当時、両国駅前は集中豪雨のたびに下水が逆流、ビルの地下の店などに流れ込んでいた。「国技館の大屋根に降った雨水が一気に流失すれば、都市型洪水に拍車がかかる」と、当時保健所職員だった村瀬誠が山崎栄次郎区長に2時間にわたって、国技館の雨水利用を直訴し、プロジェクトが動き出した。

相撲協会は、興業法上、雨水利用の規定がないことから難色を示した。しかし、国技館の屋根は8,400㎡と広大で、大量の雨を集めることができ、もし1,000m³規模の雨水タンクを設置すれば、相撲興業満員御礼時でも、必要な水の約70％を雨水でまかなうことができる。区側の懸命の説得の結果、相撲協会の春日野理事長（元横綱栃錦）がやっとOKした。こうして、日本屈指の大規模雨水利用が実現、非常時に1万人がここに避難しても、1か月近くしのげる施設となった。

（2）路地尊

路地に設置した非常時用の汲み上げポンプ。貯めた雨水は、日頃は路地の緑を育てるのに使い、非常時は飲料水にもなる。路地尊に隣接した家屋の屋根に降った雨水を集め、地下タンクに貯めておくというもので、すでに18基設置されている。

（3）区のすべての施設に

1994（平成6）年に完成した「すみだ生涯学習センター」を含め、すでに区

の21施設で雨水利用を採用している。1990（平成2）年完成の墨田区役所の場合、水洗トイレの流し水の52％を雨水でまかなっている。
（4）家庭にも雨水タンク
　1995（平成7）年からは区は、家庭や企業への雨水タンク設置への助成を始めた。家庭用で約300基、企業用で18基が設置済みである。
（5）東京で雨水の国際会議
　1994（平成6）年8月6日、村瀬たちの「雨水利用を進める全国市民の会（現在は『雨水市民の会』に名称変更）」が中心になって、墨田区で雨水利用をめぐる国際会議を開催した。「雨水利用は地球を救う――雨と都市の共生を求めて」がスローガンで、市民ボランティア500人、世界各地から8,000人が参加した。そして「雨水利用東京宣言」が採択された。格調の高い、名文である。

　雨水は気候や風土、地域の特性はあるものの、だれもが平等に手に入れることのできる資源です。そして雨は地球の中を循環しながらすべての生命を支えています。私たちは世界各地のさまざまな雨水利用の英知に学びながら、都市の水源の自立をはかり、都市の水循環をよみがえらせ、都市の再生をはかりたいと思います。
　日本には世界の年間平均降水量の二倍近い雨が降ります。しかもおおよそ四日に一度は雨が降ります。世界の中でこんなに雨に恵まれた国はありません。このことは日本に独特の雨の文化を育むことを可能にしました。夏の夕立のすがすがしさ。虹の美しさ。雨だれの音。雨蛙の歌。四季折々の雨の匂い。雨乞いとてるてるぼうず。雨に親しみ、雨と遊び、雨に恐れ、雨を敬う。雨こそが人間の豊かな感性を育んできたといっても過言ではありません。私たちは、今回の雨水利用東京国際会議をきっかけに、世界の雨の文化に学びながら、もう一度このすばらしい日本の雨の文化を暮しの原点から見直し、都市と雨の共生を目指します。
　私たちは、雨水をもっと大切にしたい、もっと有効に利用したいという思いを込めてここに高らかに宣言します。

一、世界の年間降水量の二倍近い雨が日本に降ります。私たちはこの雨を有効に利用し、水源の自立を目指します。

二、きれいな空にはきれいな雨が降ります。私たちは生命や文化を育む雨を汚さないようにするために、きれいな空を取り戻します。

三、都市は雨を排除してきたため、熱い、乾いたまちになってしまいました。私たちは雨を地下に浸透して都市の水循環をよみがえらせ、まちにうるおいを取り戻します。

四、私たちは墨田区で開かれたこの会議をきっかけに、長い年月をかけて培われてきたすばらしい日本の雨の文化を見直し、雨とともに生きるまちをつくります。

五、私たちは雨水利用を行う世界中の人たちと手を組み、雨水利用で地球を救う輪を広げます。

　　　　　　　一九九四年八月六日　雨水利用東京国際会議実行委員会

（6）雨水資料館

　閉校となった墨田区立文花小跡に世界初の雨水資料館が2001（平成13）年に造られた。同年だけで7,000人が来館している。「世界の降雨量コーナー」「スリランカの雨水タンク」「ドイツの節水システム」など、世界中の雨水利用の取り組みが展示などで紹介されている。同館のコンセプトは〈NO more Tanks for War, Tanks for Peace＝タンク（戦車）よりタンク（雨水）を〉である。

（7）世界に広がる雨水利用

　雨水利用は世界に広がっている。

①中国——。黄河上流地区で雨水利用の「121プロジェクト」が始まっている。最初の「1」は「雨水を集める場所を1つ」の意、次の「2」は「生活用（15t）と灌漑用（30t）の雨水タンクを1つずつ」の意、最後の「1」は「作物をつくる土地を持つ」の意（辰野和男ら著『雨を活かす』、岩波書店）。すでに200万基を超すタンクが設置され、大きな成果を挙げている。

②バングラデシュ——。村瀬らの「雨水市民の会」が、首都ダッカ近くの村に30tの雨水タンクを設置した。さらに近い将来、世界初の「雨水配達事業」を始める。

2．中流地域での取り組み――水循環回復の運動
（1）雨水浸透枡

　東京23区では1991（平成3）年、雨水浸透率が9.5％まで低下、多摩地区を含む都全域も浸透率26％となった。小金井市はその回復を目指して雨水浸透枡の設置を進め、すでに4万8,346個（2004年末）を設置、設置率も45.3％となった。年間100万tを超す雨水浸透実績を誇っており、「恐らく世界一の設置率」（同市役所）とみられる。

（2）玉川上水の「清流」復活

　玉川上水が開かれたのは江戸時代の1653（承応2）年。当時、急激に膨れ上がった江戸の人口はおよそ60万人。飲み水は井の頭公園から取り入れた日本最初の水道「神田上水」だけで、江戸はまさに水飢饉寸前だった。「多摩川の水を利用しよう」となり、玉川上水の建設が始まる。

　上水始点の羽村の堰（東京都羽村市）から終点の四谷の大木戸（東京都新宿区）まで43km、高低の落差は92mしかない。このハンディを乗り越えて武蔵野台地の尾根筋を選んでの難工事はわずか7か月で完成し、以後300余年、玉川上水は江戸、東京の街に飲料水を送り続けた。その役割を終えたのは1965（昭和40）年。淀橋浄水場が閉鎖となったためで、それに伴い、それまで1日、30万t〜40万t流れていた水が小平監視所でストップ、中流、下流は空堀となった。

　この玉川上水では、1948（昭和23）年6月13日に、当時三鷹市に住んでいた作家太宰治が山崎富栄とともに入水自殺、6月19日に遺体が発見され、この日が「桜桃忌」となるなど「文学者ゆかりの上水」でもある。

　そして1966（昭和41）年、埋め立て計画阻止を掲げた「玉川上水を守る会」が発足した。会長には詩人の金子光晴が就任、「玉川上水を守れないようでは、日本中の川がだめになる」と都に働きかけ、1986（昭和61）年、やっと「清流」が復活した。「清流」とは実は下水処理水。1日につき8,200tから1万3,000tの下水処理水が流されるようになったのである。

3. 上流部では

多摩川の上流、山梨県塩山市、同県丹波村、小菅村、東京都多摩町にまたがる2万1,627ha（東京23区の約3分の1）の森林が東京都の水源林。このおかげで、小河内ダムの堆砂率はわずか2.5％である。ちなみに天竜水系の佐久間ダムの堆砂率は34％となっている。

4. 緑のダムの推進を

「コンクリートの人工ダムでなく、緑のダム（森林）の整備こそ」の声がようやく高まり、10年ほど前から「林業白書」にも「緑のダム」という言葉が登場するようになった。緑のダム（森林）には、①水源涵養②渇水緩和③水質浄化──という3つの大きなメリットがあり、時間とともに劣化する人工ダムよりはるかに有用である。

日本の森林面積は67％。だから巨大なダムが日本には存在する計算になる。浸透能でみると林地は1時間に258mmの雨を地中に浸透させるから、一気に川に流れて洪水になるのを防止する。伐採地では浸透能は1時間158mm、裸地は79mmである（岩手大・村井宏）。逆に渇水時には地中の水がじわじわと川に流れ出し、渇水対策になる。少々乱暴な計算だが、林野庁の試算では全国の森林の流域貯留量は1,864億tで、全国の人工ダムの合計貯留量の約9倍という。群馬県調査でも、利根川水系の森は、同水系の9つの人工ダムの貯留量の約5倍となっている。ただしこれは、森林が適切に手入れされ、下草が生えていることなどが条件。現実の日本の森林は荒れている。

至急取り組まなければならない課題・対策が、森林保護体制の整備や後継者育成。林業者への直接所得補償制度（デカップリング＝政府が補助金政策を止め、価格の決定は市場に任せて、減収する林業家への所得は、直接補償する制度）の採用などを検討すべきだし、各地で盛り上がっている水源税での森林整備にも期待したい。水源税は2005（平成17）年4月現在で高知、岡山など全国で8県がすでに実施、ほか4県が導入を決めている。また、田中康夫知事の長野県が、200時間の講習を受けると、森林の手入れを請け負うことができるという「信州きこり講座」で後継者養成を企画したところ、定員200人に対して600人が応募

した。林業従事への潜在希望者が多数いることの証明でもあろう。

第3節　地球温暖化・その1——温室効果ガスと地球温暖化

1. 地球温暖化とは
(1) 地球温暖化の仕組み

　地球は見事にバランスが保たれた惑星である。気温ひとつを取ってもそうだ。地球の気温は平均15℃で、多様な生き物にとって暮らしやすい状態だが、絶妙のバランスで適温に保っているのが二酸化炭素（CO_2）、メタン（CH_4）などの「温室効果ガス」（greenhouse gases）と呼ばれる気体（ガス）である。太陽から届いたエネルギーは地表を暖め、植物に取り込まれたりする。暖められた地表面からは、赤外線という形で宇宙に出ていく。この赤外線が温室効果ガスに吸収され、吸収された熱の一部が再び、下向きに放射され、地表を暖める。これが「温室効果」（greenhouse effect）である。温室という言葉に沿っていえば、温室の屋根や壁面の働きをして、暖かさを取り込むいわば地球を被うビニールの役割をしているのが温室効果ガスだといえよう。これがなければ地球の平均気温はマイナス18℃になり、多くの生物が絶滅していく。

　炭素循環という観点から温暖化をみてみると——。温室効果ガスの代表格が二酸化炭素で、日本の場合は全体の約9割を占める。そして地球上には大量の炭素があり、大気中では二酸化炭素として存在しているのだが、この炭素は人間活動で放出されるほか、自然界からも排出され、その多くは光合成作用で森林に貯蔵されるし海洋にも貯蔵され、その一部はまた大気に放出されて、循環している。地球上の炭素循環は、こうした微妙なバランスの下に成り立っているのだが、近年は人間活動によって二酸化炭素など温室効果ガスの排出が急増、自然界のバランスを崩すようになってしまった。この人間活動による温室効果ガス排出の急増によって、温室効果が強くなることで引き起こされる気温の上昇を「地球温暖化」（global warming）という。現在進行中の「地球温暖化」は自然の現象でなく、人間の活動が引き起こしたものなのだ。また、地球温暖化は単に気温上昇だけでなく、さまざまな気候の変化を引き起こすため「気候変

動」（climate change）と呼ばれることも多い。

(2) 増加を続ける二酸化炭素の濃度と気温上昇

　二酸化炭素の大気中の濃度は、産業革命前は280ppmv（1ppmvは体積比で100万分の1）で安定していた。産業革命以降、人類が大量の化石燃料を使うことになったため人為的な排出が増えて、二酸化炭素の「排出と吸収」のバランスが崩れ、大気中濃度が急速に上昇、現在は370ppmvと産業革命前に比べ3割程度増加し、なお増え続けている。

　地上気温は近年、急激に上昇している。20世紀の100年間に世界全体で0.6±0.2℃、日本では約1℃、上昇した。自然の変化は、1000年に1℃位とみられるから、人間が引き起こしてしまった現象に相違ないと考えられている。

　IPCC（気候変動に関する政府間パネル、後述）の2001年の報告（第三次報告）によれば、20世紀における温暖化の程度は、北半球では過去1000年で最も著しい可能性が高いという。さらにこのまま対策を取らずに進めば、2100年頃には最大で5.8℃（1.4℃～5.8℃）上昇すると推定している。異常気象とされた年、例えば1993年の冷夏も、1994年の猛暑も、平年との気温の差はせいぜい1℃にすぎない。「5.8℃」の上昇とは、悪夢のようなすさまじい事態である。なお、「global warming」を「地球温暖化」と訳した当時の環境庁地球環境部長の加藤三郎は「温暖化という言葉が良かったかどうか。何となく、暖かくていい語感。しかし、現実は厳しいもので、せめて『温熱化』という訳語にすべきだったのかも」と語っている。

(3) 海面上昇も

　過去100年に世界の平均海面水位は0.1m～0.2m上昇した。主に地球温暖化による海水の膨張とみられる。IPCCは、このまま続けば2100年頃には世界の平均海面水位は最大0.88m（0.09m～0.88m）も上昇すると予測している。また、海流の変化も怖い。海流には表層と深層を含む循環があり、温度と塩分濃度のわずかな変化で、流れが変わることが指摘されている（これを「熱塩循環」という）。この微妙なバランスが温暖化によって大きく変わり、各地の気候に大きな変化を生む事態も懸念される。温暖な気候をもたらしている海流が弱まることにより、ヨーロッパは大きく寒冷化する心配がある。すでに海流が弱まる兆

候がある、との報告もある。ヨーロッパが温暖化問題に熱心なのは、そうした背景もあるからである。

(4) どれだけの削減が必要か

例えば二酸化炭素（CO_2）の濃度。現在の370ppmvを、生態系への悪影響が指摘される550ppmv（産業革命前の約2倍）で止める（「安定化」という）場合でも、相当な量の削減が必要だ。「より低い450ppmvで安定化させる場合を想定すると、2050年頃までに途上国を含む世界の排出量を3分の1、2100年頃までに3分の2も削減しなくてはならない」（気候ネットワーク編『よくわかる地球温暖化問題』、中央法規）のである。「京都議定書」（後述）の「温室効果ガスの5％削減」といった議論は、ほんの入り口の議論なのである。

2. 温室効果ガスと温暖化の影響

最も有名な温室効果ガスは二酸化炭素だが、そのほかにもいくつかの温室効果ガスがある。「京都議定書」の対象になっているのは二酸化炭素のほかにメタン（CH_4）、一酸化二窒素（N_2O）、HFC（代替フロン）、PFC（同）、SF_6（六フッ化硫黄）。さらにオゾン層破壊物質であるフロン類（CFC、HCFC）も強力な温室効果を持っている。

地球温暖化が進めば、それぞれの適した気温の地域に生息するため、動植物は移動を迫られる。100年で1℃～3.5℃温度上昇すると、100年間で平面で150km～550km、垂直距離で150m～550m、移動する必要に迫られる。成長の遅い植物はこのスピードについていけず、絶滅する。

海の生態系も激変する。サンゴは渇虫藻と呼ばれる藻が光合成で作り出す有機物から約9割の栄養を得ているが、海水温が上がると、渇虫藻がサンゴから離れ、1か月以内でサンゴは死滅してしまう。このサンゴが死滅する白化現象が近年、世界各地の海で頻発している。「海の熱帯林」と呼ばれるサンゴの死滅は、そこに棲む多くの魚類などの消滅、絶滅にもつながっていく。

豪雨や旱魃の増加も心配だ。気候が変動するとこれまでの降水パターンが崩れ、極端な洪水が起こる一方で、旱魃も増加する恐れが大きい。2002年夏の、「19世紀以来」といわれるヨーロッパの大洪水も、その背後に地球規模の気候

変動があったとみられる。

　海面上昇の被害もすでに現実のものになりつつある。モルジブやフィジーなどの島国、バングラデシュなどではすでに深刻な被害が発生している。また、2080年までに海面が40cm上昇した場合、高潮で被害を蒙(こうむ)る人は、毎年平均で7,500万人〜2億人とみられる。

　食糧生産への影響も極めて憂慮される。IPCCも、気温が上がると食糧供給能力が落ち、食糧価格が上昇する、と予測している。フィリピンの国際稲研究所は生育期の気温が1℃上昇するごとに穀物の収量は10％ずつ減少する、とみている。

　健康への被害ではマラリアやデング熱の流行が心配されるし、環境難民の増大も避けられない。対策のないまま進めば、2050年頃にはバングラデシュで約2,500万人、エジプトのデルタ地帯で約1,000万人、中国で7,000万人〜1億人の環境難民が出るとの推定もある。すでに太平洋の島国ツバルは、ニュージーランドなどに環境難民の受け入れを要請している。

　世界気象機関（WMO）は、1997年〜1998年のエル・ニーニョの影響による死者は2万人以上、負傷者は1億人以上と見積もっている。そして多くの科学者が、エル・ニーニョ現象には地球温暖化が影響している、とみている。

　では、地球温暖化によって受ける損害、経済的影響は——。1990年代の世界全体の経済損失は、年間約400億ドルで、1950年代に比べ10倍以上になった。このうち4分の1は途上国のもので、ここでも南へのしわ寄せが現れている。

第4節　地球温暖化・その2——「気候変動枠組み条約」、「京都議定書」への長い道のり

1．世界が支えた

（1）その日

　2005（平成17）年2月16日——。世界各地で「10、9、8、7……」のカウントダウンの声が響いた。国連本部のあるニューヨーク時間の16日午前零時（日本時間午後2時）、「京都議定書」がついに発効した。地球温暖化を目指し、

先進国の温室効果がガスの削減の目標値を定め、それに法的拘束力を持たせるという人類史上初の試みがスタートしたのだ。「気候変動枠組み条約」の発効から10年、「京都議定書」締結からでも 7 年——。その間にアメリカの離脱もあり、何度も「京都議定書は死んだ」とささやかれた。しかし、「京都議定書」は不思議な生命力で、その都度、ピンチをかわして生き永らえた。世界の人々の「京都議定書を殺すな」の声に支えられたというほかない。発効のこの日、世界39か国で、祝いの行事が行われた（気候変動枠組み条約事務局調べ）という。

　誕生の地京都の国立国際会館でも、日本の環境省など主催の公式記念行事が行われ、会場と各国を衛星画像で結んで、温室効果ガス削減への決意を確認し合った。

（2）マータイの来日

　この行事に2004年度のノーベル平和賞受賞者で、ケニアの副環境相ワンガリ・マータイ（Wangari Maathai）が参加、基調講演を行った。

　マータイは1940年生まれ。生物学者を志し、アメリカに留学、ピッツバーグ大学で修士号を取得した。ケニアの女性としては初のアメリカ留学だった。さらに1971年、ナイロビ大学（ケニア）で東アフリカ出身の女性として初の博士号を取得する。

　留学を終えて帰国したマータイは、ふるさとの風景が一変してしまったことに心を痛めた。川のふちにあって皆が崇めていた無花果の巨木が切られ、川の水も涸れていた。女性たちは遠方までの水汲みを強いられていた。

　1977年に有志で「グリーンベルト運動」（非政府組織）を創設して植林運動を始める。これは単なる自然保護運動ではない。最も虐げられている女性の手で苗を植え育て、植林する。そのことによって女性は、わずかだが「報酬」を手にすることができる。女性の社会参加と地位向上を併せ狙い、それをケニアの民主化に結びつけようとしたのだった。「環境資源が枯渇することが紛争の種となっている。平和のためにも植樹は欠かせない」との思いもあった。

　そんな運動を独裁政権が認めるわけがない。マータイはモイ前大統領によって何度も逮捕、投獄されたが屈せず、植林運動を続ける。現在ではケニア全土に1,500か所の苗床を持ち、参加者は女性を中心に延べ 8 万人になった。植林

した苗木は3,000万本に達し、「植林はケニアのシンボル」といわれるまでになった。

2002年、マータイは圧倒的な支持で国会議員に当選し、2003年には副環境相に就任、そして2004年にはノーベル平和賞を受賞した。環境分野では初の受賞、アフリカ女性としても初の平和賞受賞だった。「環境を守り抜くこと、資源の持続可能な管理こそが平和維持に不可欠」とするマータイの思想が世界に認められたわけだ。

京都の公式記念行事会場の壇上でマータイは、「京都議定書の発効に立会い、祝うことは私にとって本当に大きな誇り」としたうえで、「世界が環境保護と持続可能な発展、統治、そして資源の均等な配分に対し、さらに力を注げば、世界の多くの紛争は回避されるでしょう。平和の概念は環境分野にも拡大しなければならない」と強調した。

そのうえで「京都議定書のリーダーシップを発揮してくれた日本政府を私は祝福したい。ありがとう、日本」と述べ、議定書にまだ批准していない国々については「批准していない国々においても、数多くの市民や団体が議定書の精神と内容に賛同している」と分析。そして「際限ない拡大志向を抑制していく道を選びましょう。私たちはまだ、未来を変えることのできる世代なのです」という希望のメッセージで基調講演を締めくくり、大きな拍手を浴びた。

（3）一条の希望の灯

同じ2月16日、東京都港区の東京都庭園美術館ホールに約300人が集まり、「フォーラム　気候の危機」の発足シンポジウムが開かれた。同フォーラムの幹事で、NPO法人「環境文明21」の代表理事である加藤三郎は深い感慨を隠せない表情でこう語った。「京都議定書は一条の希望の光です」。

加藤は環境庁（当時）の地球環境部長として、「京都議定書」の親条約である「気候変動枠組み条約」の交渉に、日本の役人の中心メンバーとして深く関わった。ニューヨークにもジュネーブにも飛び、条約成立に向け、全力を傾注した。

環境庁のエース役人で、「将来の事務次官」といわれた加藤だが、定年を前に1993（平成5）年、環境庁を辞める。「骨の髄まで役人になる前に、と思った。そして妻が病気がちで……」というのがその理由だった。

その後、加藤はNPO法人「環境文明21」を立ち上げ、循環型社会実現への奮闘を始める。「京都議定書」についても、NGO、NPOの立場から、可能な限りの運動をした。やっと発効した「京都議定書」について、加藤は言う。

　京都議定書を一口で表現すれば、人類の英知と欲望の谷間に咲いた花のようなもので、まだ力は弱いけれど、ここに人類の未来を託す、一条の希望の灯に思えてなりません。人類の英知とは、約1世紀に及ぶ科学の成果を基にし、また今日の経済社会のあり方に対する懸念や厳しい反省を踏まえると、限られた地球環境の中で、このやり方を今後も続けることは不可能と認識して、新しい道を始めたことです。一方、欲望といえば「今ある豊かさを捨てられない」「今ない豊かさを手に入れたい」ともがいている。その中で、エネルギーの使用量自体を削減する第一歩である京都議定書が、130近くの国の批准を得て、発効したことは奇跡。英知と欲望の谷間に咲いた花、と言ったのはそういう思いからです。

そして加藤は、「2050年位までに60％の削減が必要といわれる。京都議定書の6％（日本）は第1歩だが、1歩がなければ2歩も3歩もない。第1歩の灯を吹き消さないように守り抜き、2歩、3歩と進めていくしか道はない」と決意を語った。

2. 前史

この「京都議定書」締結までには、長い前史がある。いくつもの国際会議も開かれた。フィラハ会議（1985年）、トロント会議（1988年）、ノールトヴェイク会議（1989年）、それにIPCCの報告づくりとその成果（報告書）の発表——。そうした地道な努力の末にやっと、1990年秋の国連総会で「気候変動枠組み条約に関する政府間交渉委員会（INC）」の設置が決議され、1992年5月には「気候変動枠組み条約」がINCで採択される。同条約は地球サミット（1992年6月）の場で署名、調印が行われ、さらに「京都議定書」づくりへと突き進んでいったのだった。

（1）フィラハ会議から始まった

「京都議定書」に至る長い、苦闘ともいえる道のりをみてみよう。フィラハ会議初め初期の国際会議をフォローし続けた朝日新聞記者竹内敬二の『地球温暖化の政治学』（朝日新聞社）によりながら、前史からみていきたい。

1985年10月、国連環境計画（UNEP）、世界気象機関（WMO）、国際学術連合（ICSU）の主催で、温暖化についての初の国際会議が開かれた。世界各国の気象学者ら数十人がオーストリアのフィラハ（Villach）に集う。スウェーデンのボリン、イギリスのイェーガーらが中心で、会議宣言は「来世紀前半における世界の気温の上昇は、これまで人類が経験したことのない大幅なものとなるだろう」「科学者と政策決定者は政策変更と温暖化への対応策を検討する協力活動を始めなければならない」と述べている。「人間活動による気候変動という問題が、この時点で国際的な政治課題となった」（竹内、前掲書）のである。「京都議定書」への出発点といってよかろう。

（2）「99％証言」とトロント会議

人間活動によってすでに温暖化が起こっているという証拠は果たしてあるのか——。多くの人々が抱えるこの疑問に答えたのがハンセン博士の「99％証言」だった。

1988年、アメリカは異常旱魃だった。アメリカのマスコミは、温室効果ガスと結びつけて報道する。そんな中、NASA（アメリカ航空宇宙局）ゴダード宇宙研究所のジェームズ・ハンセン博士がアメリカ上院エネルギー委員会で「80年代の暖かい気候は、たまたまの出来事ではなく、地球温暖化と関係していることは99％の確率で正しい」と証言する（6月23日）。この証言は科学者間ではある種の物議をかもしたが、一般の人々には、極めて明快なメッセージとして届き、地球温暖化への関心も一気に高まった。

同じ6月の末、カナダのトロントで先進国首脳会議が開かれた。そしてその閉幕直後、同じホテルで、40数か国からの300人以上の気候研究者、法律家、政府関係者らが参加するもうひとつの国際会議、「変貌する大気」が開かれる。トロント会議と呼ばれるカナダ政府主催の大気変動についての国際会議で、会議は最後に「2005年までに二酸化炭素の排出を20％削減しよう」との声明を採

択した。幸運にもまだ、サミット取材の400人の世界のジャーナリストが居残っており、この声明を大きく報じた。

(3) ノールトヴェイク会議

二酸化炭素20％削減を謳った「トロント声明」に各国がどう応えるのか。そうした目的で1989年11月にオランダのノールトヴェイクで開かれたのが「大気汚染と気候変動に関する環境大臣会議」（ノールトヴェイク会議）である。ノールトヴェイクはハーグ市近郊の保養地。国土が低く、地球温暖化に伴う海面上昇を危惧するオランダ政府が「国連環境計画」と「世界気象機関」の協力のもとに開いたもので、69か国、11国際機関が参加した。

二酸化炭素の排出をどの時期で凍結（横ばい）させるのかについての討議の結果、「多くの先進工業国の見解では、遅くとも2000年末までに二酸化炭素の排出を凍結（横ばい）する」との宣言が採択される。いつのレベルで横ばいか、は明確にならなかったものの、「2000年までに」という数字が入ったのは大きな進展だった。「世界の環境大臣が集う会議で（宣言が）全会一致で採択されたことによって地球温暖化問題は防止対策実施の時代に入った」（川名英之『ドキュメント　日本の公害　第12巻・地球環境の危機』、緑風出版）とも評価される。

しかし、「多くの先進国は」という表現にみられるように、不同意の国もあった。そしてどのレベルで凍結か、は1990年に予定されているIPCC報告や、第2回世界気候会議で検討、決定することとなったのだった。

この会議で、削減目標設定について、積極派と消極派に分かれる。積極派のオランダは「二酸化炭素を2000年までに30％削減」と提案したが、消極派のアメリカ、ソ連、中国、日本、イギリスなどは目標設定に反対、「IPCCが報告に向けて作業している。削減目標値設定も、IPCCに任せるべき」と主張した。

(4) IPCC登場

重大な責任を負わされた形となったIPCCとは──。「Intergovermental Panel on Climate Change」の略で、1988年、国連環境計画（UNEP）、世界気象機関（WMO）の下に設置された「政府間組織」で、国連の機関である。国家が指名した科学者と行政官によって構成され、「気候変動に関する現状の知識を整理し、政策決定者に伝える」が目的。3分野に分かれ、それぞれ作業部会（ワー

キング・グループ) がつくられた。第 1 作業部会の研究テーマは「科学的知見と予測」。科学者が中心で「温暖化の現象はどこまで確実で、将来の温暖化はどうなるか」について、すでに世界の研究者が出している研究結果を審査し、科学者としてのコンセンサスを得る仕事をする。自ら一から研究するのでは、とても事態の進行に間に合わないからである。

第 2 作業部会は「気候変動の環境・社会経済的影響」、第 3 作業部会は「気候変動への対応」が研究テーマで、この 2 つの部会には科学者だけでなく行政官も多数入り、しばしば国益丸出しの議論となってしまうという。

難産の末に、1990 年 5 月 25 日、ロンドン郊外での第 1 部会会合で「第一次報告書」が採択された。衝撃的な内容の報告書で、気候変動条約が必要、不可欠との機運を一気に高める決定的な役割を果たした。

その内容とは——。

　　過去100年間に地球の平均気温は0.3℃〜0.6℃上昇し、それに伴い海水面も10cm〜20cm上昇した。人間の産業活動が主な原因とみられる。そして今後規制が取られない場合には、10年間当たり0.2℃〜0.5℃の上昇が続き、2025年までには約 1 ℃上昇、21 世紀末までには約 3 ℃上昇する (中位推定)。海水面も最高約 1 m上昇する。しかし、温室効果ガス排出を規制すれば温暖化はかなり防げる。……仮に、大気中の温室効果ガスの濃度を現在のレベルに保とうとすれば、二酸化炭素の排出など人間活動による温室効果ガスの排出を60％以上削減、自然界からの排出の多いメタンガスも15〜20％の削減が必要である。

しかもここでいう「3 ℃の上昇」は中位推定。最も高い推定を取ると「5 ℃上昇」となる。政府関係者らを中心に、大きな衝撃が広がった。

そして1990年10月末にジュネーブで開かれた「第 2 回世界気候会議」(UNEPとWMOが主催) で、この結果が正式発表される。さらにこの会議後半に設定された「閣僚会議」では、各国が独自に二酸化炭素の削減目標を宣言することになる。例えばドイツは「2005年に、1987年のレベルの25％削減」と宣

言、デンマークも2000年に20％削減、と意思表明したが、会議は最後の閣僚宣言に二酸化炭素削減の数字を盛り込むことはできなかった。「IPCCが予測した気候変動の程度が空前のものであることに注目する」との表現にとどまったが、この会議を経て1990年秋の国連総会で、総会の下に「気候変動枠組み条約に関する政府間交渉委員会（INC）を設置する」ことが決議される。そして1992年6月の地球サミットまでに条約を完成させることも決まった。交渉期間は1年半しか残されていなかった。

3. 気候変動枠組み条約

INCの会合は、

第1回——1991年2月　ワシントン郊外
第2回——1991年6月　ジュネーブ
第3回——1991年9月　ナイロビ
第4回——1991年12月　ジュネーブ
第5回——1992年2月　ニューヨーク

とハードスケジュールで進む。ゴールは1992年6月の地球サミットで、これは動かせない。

最後のカケともいえる第5回の再会合（実質6回目）。1992年4月30日から再開された最後の交渉会議は、ハードなスケジュールゆえに「ニューヨーク・マラソン」と呼ばれた。国連本部の地下の会議室を舞台に、連日連夜の会議となる。アメリカは案文作成交渉の会議室の隣室に法律専門家2人を常時待機させ、条文の一字一句の変更について、代表団が席を離れて法律専門家と相談。そのアメリカは国務省スタッフが作成した「1990年末までにより初期の水準に戻す」との妥協案を条約会議のリペール議長に持ち込み、「これがアメリカのギリギリの譲歩」との意向を伝えていた。

関係者の多くが、「もはや決裂か」と覚悟したほどの難航だったが、夜を徹しての調整の末に各国合意が成り、5月9日夜、会議参加の146か国によって採択された。

調整が成った条約は26条からなり、「（北と南の）共通だが差異ある責任」「島

嶼国への配慮」などが書き込まれた。

　最大の対立点だった第4条（約束）の部分は、一般的には「先進国は2000年の温室効果ガス効果ガスの排出を従前レベルに安定化させる努力目標を持つ」と読む（解釈する）とされているが、「従前の水準が本当に1990年を意味するのか」「約束（commit）と認識（recognize）という言葉が使われているが、どこまでが約束でどこからが認識か、がはっきりしない。解釈が分かれる恐れがある」など、極めてあいまいさが残るのは事実である。ブッシュ（現ブッシュ大統領の父）のアメリカが「これしか呑めない」と譲らなかったため、といわれる。

　そして1992年6月、ブラジル・リオで、世界183か国を超す首脳らが集まって「地球サミット」が開幕する。その大会議の壇上で各国首脳が「気候変動枠組み条約」に署名した。アメリカのブッシュ大統領も笑顔で条約にサイン。東西冷戦が終わり、今後世界が共通に取り組むのは地球環境問題だということを改めて認識させた「地球サミット最大の見せ場」だった。

　そしてこの「気候変動枠組み条約」は50か国の批准後、90日を経て、1994年3月21日に発効した。この種の条約としては異例に早い発効だという。

4. 京都会議へ

（1）ベルリン・マンデート

　しかし、条約発効だけではことは終わらない。2000年以降の削減を議定書をつくって決めていく、という第2弾の作業にすぐにも取り組まねばならなかったからである。そのための会議、第1回締約国会合（COP 1）が1995年春、ベルリンで開かれる。COPとは「Conference of Parties」の略である。

　3月28日から4月7日まで開かれたCOP 1には4,000人が参加、久々の盛り上がりとなった。ここで4つの立場、グループが生まれる。

①AOSIS（小島嶼連合）などの立場、議定書案——。2005年までに二酸化炭素の20％削減する。
②中国など——。1995年中に出るIPCCの第二次報告書を待とう。
③先進国のうち、日本、アメリカ、カナダ、オーストラリア、ニュージーラ

ンドの「JUSCANZ」——。目標値や年限が具体的に盛り込まれる議定書には反対という立場。

④EU（ヨーロッパ連合）——。抑制や削減の目標値、年限をはっきりさせた議定書を1997年に採択しよう、という立場。

　結局、COP 1 は、こう決議する。「COP 3（1997年）で、2000年以降の目標を盛り込んだ議定書をつくろう。途上国に新たな負担は課さない」。ヨーロッパ主導で生まれたこの決議は「ベルリン・マンデート」と呼ばれる。大きな前進だった。

　そして日本は「COP 3 を日本で」と名乗りをあげ、歴史に残る会議、「京都会議」の開催が正式決定した。なお、COP 2 は1996年 7 月、ジュネーブで開かれ、アメリカが態度を変更し、「拘束力ある目標」を支持。これが閣僚宣言に反映された。日本は初めは反対したが、当時の環境庁長官岩垂寿喜男が「COP 3 の議長国として、法的拘束力に反対などできない」と役人を一喝、「拘束力ある目標」の設定に賛成の決断をしたのだった。

（２）IPCCの再びの後押し

　IPCCは1994年暮れ、特別レポートを発表する。

　　もし二酸化炭素の排出が今日のレベルのまま横ばいで続いたとしても、大気中の濃度は着実に上昇し、100年後には産業革命以前の濃度の 2 倍近い500ppmになる。

　さらに1995年12月、ローマでIPCCの第二次報告書が発表された。

　　19世紀以降、地球の平均気温は0.3℃〜0.6℃上昇し、海面も 10cm〜25cm 上昇した。（中略）中位の推定によれば、2100年には約 2 ℃の平均気温の上昇、約50cmの海面上昇などが予測される。（中略）証拠を比較検討した結果は、識別可能（descernible）な、人為的影響が地球全体の気候に現れていることを示唆している。

第二次報告書は「descernible」という言葉に託して、「温暖化はすでに始まっている」とはっきりと指摘したのである。ちなみに第一次報告書では、「温暖化する可能性がある」という表現だった。

(3) ベルリン・マンデートに関する交渉会議（AGBM）

京都会議（COP 3）を前に1996年12月、ジュネーブでAGBMの第5回会合が開かれた。AGBMは「Ad hoc Group on Berlin Mandate」の略で、議長はアルゼンチンのベテラン外交官エストラーダ。この第5回会合では京都会議をにらみ、さまざまな提案が出された。

アメリカは「共通だが差異ある責任を認識して、先進国と途上国のバランスを取るべき」と主張、途上国は「新たな約束は課さないとしたベルリン・マンデートに触れる」と反発した。

EUは「温室効果ガスについて2010年には1990年レベルの15％削減を」と提案した。これまでに小島嶼連合（AOSIS）が「2005年までに20％の削減」の提案を行っているが、先進国ではこのEU提案が最高の削減目標値である。日本5％、アメリカ0％との落差をどう埋めるのかが、京都会議の重い宿題になっていく。

そして1997年10月2日からは、ボンでAGBM 8（第8回会合）が開かれるが、ここでも京都会議のシナリオについての合意は得られない。主催国日本は、筋書きなしで、本番のCOP 3に突入するしかないという、ますますの苦境に追い込まれたのだった。

5. 京都会議（COP 3）開幕

(1) 最大の国際会議

1997（平成9）年12月1日から、比叡山を間近に望む京都国際会館で「京都会議（COP 3）」が始まった。10日までの予定だった。参加者は締約国155か国から1,534人、非締約国6か国から29人、その他の関係者710人、環境NGO、経済団体などオブザーバー278団体3,865人、内外の報道陣3,712人。合計9,850人で、日本で開く最大級の国際会議となった。

当時、新聞記者だった私も取材した。冬の京都の底冷えとは対照的に、表舞

台、裏舞台で火の出るような激しい交渉、対決、駆け引きが展開された。一時は「決裂か」と思わせるほどだったが、会期を1日延長して議定書採択にこぎつける。「成功しても失敗しても歴史に残る」といわれた会議は、薄氷を踏むような議事運営の末に、何とかゴールにたどり着いたのだった。

（2）激突

会議は本会議議長に当時の環境庁長官大木浩を、議定書の採択に向けた議論を担当する全体委員会の議長にエストラーダを選んだが、会議は初めから紛糾する。まずぶつかったのが途上国問題。事務局が用意していた議定書案の第10条には「自主的に削減量を定める」という内容の途上国条項が入っていた。そして12月5日の本会議でニュージーランドがアメリカの意を汲んでか、こう提案する。「途上国も発展段階に応じて2014年以降には法的拘束力のある排出抑制を約束すべきだ」。途上国は「NO! NO! NO!」の大合唱で応える。

ベルリン・マンデートで「途上国に新たな約束は課さない」としたのは、フロン規制の運動、ウイーン条約とモントリオール議定書の前例に学び、これを教科書にしながら温暖化問題に取り組もう、との関係者の暗黙の了解があったからだろう。オゾン層を破壊するフロンの規制問題では、まず先進国が規制、10年置いて途上国が規制、とした。その際、先進国は基金と技術とを途上国のために用意、大成功したのだった。

「まず、先進国から」が最も現実的な手順と思われるのだが、アメリカにはアメリカの事情もあった。上院が「京都議定書批准には途上国参加とアメリカ経済のマイナスにならないことが条件」との決議を行っていたからだ。

南北が途上国問題でまず激突してしまった京都会議は、次には「ネット方式」で各国の利害が激しくぶつかる。化石燃料使用に伴う二酸化炭素排出量から森林などの吸収量を差し引く、というのがネット方式。オーストラリア、ニュージーランド、ノルウェーなどが採用を強く主張した。エストラーダ議長は1990年以降に新たに植林、再植林、森林伐採、木材収穫したものだけをカウントする「限定ネット方式」を中心に議論を進めようとの方針を示すが、アメリカは「新たな森林管理、森林保護活動も加えよ」と要求した。日本は「適用の範囲をできるだけ限定的に」と正論を吐いたが、温室効果ガスについて厳しい削減案が出てからは

逆に、ネット方式の拡大解釈を求めて奔走するという醜態を見せてしまった。

（3）数字をめぐる駆け引き

　いうまでもなく京都会議最大のテーマは、温室効果ガスの削減の数字である。日本、アメリカ、ヨーロッパ（EU）の3極の数字をどう調整するか──。閣僚会議の始まった8日夜から、駆け引きが一層、活発になる。8日朝、専用機で関西空港に到着したアメリカ副大統領アル・ゴアは、さっそく会議場で演説、「大統領と電話で話した。そして、もっと柔軟性を持つように、との大統領の意思を交渉団に指示した」と言い残して帰国する。後に分かったことだが、ゴアはアメリカ交渉団長のアイゼンスタット国務次官に「5％までなら削減率を引き上げていい。代わりに排出量取引をぜひ実現するように」と指示したという。排出量取引が実現すれば産業界も説得できると考えたとみられる。

　エストラーダ議長は9日夕の全体委員会に先進国の削減目標の一覧を議長案として提出した。先進国全体で5％、EU 8％、アメリカ、ロシアなど5％、日本4.5％削減──という内容だった。9日夜から10日未明にかけ、「8％・7％・6％」「7％・7％・6％」など、数字が目まぐるしく動く。

　10日朝、アメリカが変身した。「8％・7％・6％なら、途上国が途上国条項を受け入れるといっている」と日本に打診してくる。日本もこれに応じることを決めた。

　中国はアメリカが固執する排出量取引にも強く反対した。エストラーダが会期を延ばして11日、中国を懸命に説得、「排出量取引は先進国に限る」との条件で、何とか同意を取り付ける。しかし中国は「草案第10条（途上国条項）はどうあっても受け入れられない」とした。再びエストラーダがアメリカ代表に会い、「排出量取引を認めるから今回は第10条はあきらめるよう」と迫る。アイゼンスタットはホワイトハウスに相談、アメリカはこれを呑んだ。

　11日午前1時過ぎ、「EU 8％、アメリカ7％、日本6％の削減とする。先進国全体では約5％の削減」という議定書案が配られ、11日午後2時、本会議で採択された。排出量取引は盛り込まれ、第10条は消えた。エストラーダのウルトラCをホワイトハウスが呑んだのは「京都議定書をつぶしたのはアメリカ」と非難されることを恐れたからであろう。

薄氷を踏むような会議の連続、徹夜交渉の連続の末に、人類がその消費、生産活動にブレーキをかける、それも法的拘束力を持つ取り決めとして——という未曾有の挑戦が合意されたのだった。それは月面着陸と同様、「この1歩は小さいが、人類にとって偉大な躍進」といえるのではなかろうか。

6. 京都議定書の概要

京都議定書の対象ガスは、二酸化炭素、メタン（CH_4）、一酸化二窒素（N_2O）、代替フロン（HFCとPFC）、六フッ化硫黄（SF_6）の6ガス。そして排出量（権）取引、共同実施、クリーン開発メカニズム（CDM）という3種類の新しいシステムの導入も決まった。排出量（権）取引とは、先進国間で、温室効果ガスの排出枠を売買できるという仕組み。共同実施は先進国間で温室効果ガス排出低減事業を実施し、一部を自国の実施分としてカウントするという制度。クリーン開発メカニズム（CDM）は先進国が投資した途上国の温室効果ガス排出低減事業による減少分の一部を、自国の削減量としてカウントするシステムをいう。さらにネット方式は、1990年以降の活動が対象となった。植林した場合は二酸化炭素を差し引き、逆に伐採した場合は排出としてカウントされる。また、基準年は1990年（ただし、HFCとPFC、六フッ化硫黄は1995年）、目標期間は「2008年〜2012年」となった。

7. アメリカの離脱とその後の会議

2001年初頭、アメリカ大統領ブッシュが突然、「京都議定書」からの離脱を表明した。しかし、この逆風を押しのけて2001年11月のマラケシュのCOP 7で、「京都議定書」の運営細目の合意が成る。2002年6月には、日本も批准を閣議決定し、批准した。ロシアも2004年11月になって批准、2005年2月に同議定書は晴れて発効した。自らの意思で、その産業活動に「枠」をはめるという人類初の大きな挑戦がスタートしたのである。

8. 増え続ける温室効果ガス

地球温暖化をめぐるその後の状況は極めて厳しい。温室効果ガスの排出は、

京都会議以降も増え続けているのだ。

1990年に215億7,370万tだった世界の二酸化炭素排出量は、2000年には約230億tとなった。その約4分の1（24.4％）がアメリカの排出だった。日本は世界の人口の2％なのに、二酸化炭素のシェアは約5.2％である。

1人当たりの二酸化炭素排出量は、西側先進国が12.6 t（1998年）。世界平均は3.9t、途上国は2.0tである。

日本の場合を、もっと詳しくみてみよう。環境白書（平成16年版）によれば、日本の2002（平成14）年度の温室効果ガスの総排出量は、二酸化炭素換算で13億3,100万t。「京都議定書」の規定による基準年（1990年。ただし、代替フロンのHFC、PFCおよび六フッ化硫黄は1995年）の総排出量（12億3,700万t）に比べ、7.6％増加している。京都議定書の約束分「6％減」を加えると、合計13.6％減らさなければならないことになる（日本政府は、後述の「達成計画」で、経済成長などを勘案し、12％の削減が必要としている）。

二酸化炭素でみると、2002年度の排出量は12億4,800万t（1990年比11.2％増）、1人当たりでは9.79 t（同7.8％増）である。部門別では、産業部門からの排出量は4億6,800万t（同1.7％減）、運輸部門からの排出は2億6,100万t（同20.4％増）、業務その他部門からの排出は1億9,700万t（同36.7％増）、家庭部門からの排出は1億6,600万t（同28.8％増）だった。

第5節　地球温暖化・その3──どう立ち向かうのか

1. 日本政府

日本政府は2002（平成14）年3月、「地球温暖化対策推進」の新大綱を決定した。「京都議定書」の6％削減をどう実現していくかの大綱である。

①エネルギー起源の二酸化炭素→0.0％。
②非エネルギー起源の二酸化炭素、メタン、一酸化二窒素→−0.5％。
③「革新的技術開発」＋「国民各層の温暖化防止活動」→−2.0％。
④HFC、PFC、SF_6（代替フロン等3ガス）→＋2.0％。

⑤森林などの吸収源→－3.9％。
⑥排出量取引、共同実施、クリーン開発メカニズム→－1.6％。
合計 6 ％。

　そうして日本政府は、2002（平成14）年 6 月に「京都議定書」を批准したのだった。

2．大きな対策を
　温暖化を 2 ℃程度の上昇に抑えることを目標にした場合でも、二酸化炭素の60％〜70％の削減が必要になる。大きな対策が不可欠だ。すでに世界では、そうした挑戦が始まっている。
（1）EUの排出量取引
　EUは2005年 1 月から、独自の「排出量取引」を世界に先駆けて始めた。域内企業に二酸化炭素の排出上限を割り当て、排出量をそれ以下に抑えた場合、目標達成が困難な企業に売ることができるという仕組みだ。EUでは加盟25か国のうちすでに21か国が参加、各国政府が2005年から 3 年間の二酸化炭素の排出上限を対象企業に割り当て、EUに提出している。上限枠は現状の 2 ％〜3 ％に設定されている。目標を達成できない企業は、 1 tにつき40ユーロ（約5,600円）の罰金を払うが、そうした企業は他企業や市場から余剰枠を購入するという選択肢もある。
（2）イギリスの挑戦
　イギリスはすでに2002年から二酸化炭素の排出量を売買する市場を始めている。朝日新聞（2004年 2 月19日付）によれば、売買は 1 t（二酸化炭素換算）が 1 単位で、 5 ポンド〜12ポンド（1,017円〜2,440円）で取引されている。さらにイギリスは2001年から「気候変動税」も導入した。電気なら 1 KW時当たり0.43ペンス（約87銭）、石炭なら 1 kg当たり1.17ペンス（約 2 円38銭）の税をかける。しかし、政府と企業が「気候変動協定」を結んだ場合は、 8 割の減税が認められている。 2 年間で5,000社が協定に参加、二酸化炭素換算で1,350万 tの温室効果ガスの排出を抑えた。これは1990年の全排出量の 2 ％弱に

当たる。

　これらの仕組みを活用しながらイギリスは2050年に二酸化炭素を60％カットする方針を掲げている。日本にもそうした「大きな対策」が必要だ。

　日本政府も「京都議定書」発効から1か月半後の2005年3月29日、「目標達成計画案」を発表、4月28日に閣議決定した。「達成計画」は、「現状では2010年度（2008年―2012年の中間年）の温室効果ガスの排出量は6％増になる」と試算、議定書の6％と合わせ計12％分を減らすことを目標としている。

　12％削減の内訳は、エネルギー起源CO_2で4.8％、森林吸収で3.9％、京都メカニズムで1.6％などとなっている。

　部門別の二酸化炭素削減目標では、産業部門が8.6％減（大綱では7％減）、運輸部門で15.1％増（同17％増）、民生部門は10.7％増（同2％減）となっているが、大幅削減に不可欠と思われる環境税については「真摯に総合的に検討を進めるべき課題」という表現にとどまっており、実現への担保は残念ながらまたもない。

第6節　地球の容量・その1――食糧・人口

　地球はどれだけの人口を養うことができるか。地球の収容能力という観点から食糧、人口、エネルギーの問題を考え、現代文明を検証してみたい。

1．食糧
（1）1人当たりの年間穀物消費量
　アメリカが約800kg、イタリアが約400kg、中国が約300kg、インドが約200kg。日本は約380kgである。世界の穀物生産は1996年で18億2,000万t、1998年は19億300万t、そして2002年は18億3,300万tと横ばい、ないしは減少傾向。これを20億tまで伸ばしたとしても、アメリカ人なら25億人を養えるだけ、インド人なら100億人、イタリアに近い線を取ると50億人を養える計算となる。

　言葉を代えれば――。世界の人々がアメリカ人のように食べると、世界の半分以上の人々が飢える計算になる。先進国の畜産物の多食を大幅に変えない限

り、途上国に穀物は回らないのである。

　アメリカほどではないが、日本も畜産物の多食国、そして輸入国である。牛肉の自給率は実質ベースで36.2％、カロリーベースでは9.7％。健康問題も含め、「欧米型食生活からの脱却」が急務である。

（2）「フードマイレージ」と「エコロジカル・フットプリント」

　食糧輸入量に輸送距離を掛けて出すのが「フードマイレージ」である。イギリスの消費活動家ティム・ラング（Tim Lang）が提唱したもので、エネルギー多消費型の国（社会）かどうかの指標となる。2001（平成13）年、日本の食糧輸入量は約5,800万tだから、輸送距離を掛けたフードマイレージは約9,000億t・kmとなる。韓国は約3,200億t・km、アメリカは約3,000億t・km、イギリスは約1,900億t・kmで、日本は不名誉な断然トップ、「断トツ」である。それだけエネルギーを消費していることになる。

　また、ブリティッシュ・コロンビア大学は「エコロジカル・フットプリント」という指標を開発した。食料や木材の供給、森林による二酸化炭素吸収など、1人の人間が持続的な生活を営むために必要な地球上の面積を計算するというもので、「ha／人」で表す。日本は「5.94 ha／人」、アメリカは「12.22 ha／人」、バングラデシュは「0.60 ha／人」となる。これをもとに計算すると、世界が日本人並みの生活をすると地球は計2.7個必要、アメリカ並みだと計5.6個必要になる。日本並み、アメリカ並みではたったひとつの地球がもたないのは明白だ。

（3）食糧は増えるか

　食糧を増やすという選択肢はあるのか。海洋の漁獲量は1988年以来、8,800万t前後で推移、もう増えないとみられている。世界の耕作耕地面積は1981年に7億3,200万haというピークを記録、2002年には6億4,700万haとむしろ落ち込んでいる。1人当たりの穀物耕作面積は約0.12haとサッカー競技場の6分の1以下。特にアジアでの減少が目立ち、例えばインドネシア・ジャワ島では、1994年には都市拡大のため、耕地2万haが失われた。これは約33万人のインドネシア人に米を提供できる広さである。残された道は土地の生産性を上げることと、タバコ栽培、ゴルフ場などを止めることであろう。

2. 人口問題

国連の推定では、2050年の世界人口は89億人（中位推定）で、途上国で急増するという。それを抑えるにはどうするのか。女性の地位が高いほど、出生率は低くなる。その好例がインド・ケララ州。ここでの女性の識字率は86％で、インド全土平均の30％を大きく上回る。同州の合計特殊出生率は2・3という驚異的な低さである。逆に、1998年に核実験場となったパキスタンのバルチスタン州の女性の識字率は2％である。

また、資源の1人当たりの消費量の南北格差が16倍であることを忘れてはならない。先進国の人口が1人増えると、途上国で16人増えるのと同じ計算となる。先進国の消費抑制こそが、緊急になすべきことである。

第7節　地球の容量・その2──エネルギー

人類は今も石油、石炭、天然ガス、LPG（液化天然ガス）といった化石燃料に大きく頼っている（先進国では約90％、世界全体では75％を頼っている）。しかし、化石燃料は有限だ。石油の確認可採埋蔵量は約1兆バレルで、可採年数は44年（2001年推計）。石炭は1兆316億tで231年、天然ガスは144兆m^3で、62年もつ計算だという。しかし、こうした資源の枯渇の前に、人類は化石燃料が撒き散らす二酸化炭素などによる地球温暖化で、生存の危機にさらされることになりそうである。そしてすでに、「脱石油」「脱化石燃料」への試みが大きな潮流になろうとしている。太陽光発電、風力発電、燃料電池などの自然エネルギーがそれだ。

1．太陽光発電

石油に代わり、風力発電と並んで最も成長が見込まれているのが太陽エネルギーによる発電である。地球規模でみると、1時間地球に降り注ぐ太陽のエネルギーは、全人類が消費するエネルギーの1年分に当たるという。太陽光発電はこの光を電気に替えることで、1950年代に高純度の結晶シリコンを使った電池が作られるようになって、実用化にはずみがついた。

太陽光発電の導入実績では、日本とともにドイツの伸びが著しい。ドイツでは2001年には1万5,000基の発電装置が取り付けられ、出力は21万KW、2002年には30万KWに達した。風力発電同様、政府の政策の後押しによる。そのドイツでは2000年4月、エネルギーを再生可能なものに転換することを目的とした「再生可能エネルギー法（EEG）」（Erneuerte-Enegien-Gesetz）を施行した。EEGにより、太陽光発電は1KW時99ペニヒ（約54円）、風力発電は12ペニヒ〜18ペニヒ（約7円〜約10円）で電力供給事業者に買い取られることになった。併せて、「太陽電池ルーフトップ計画」も1999年から実施された。一般家庭の屋根に太陽電池を設置するときに助成金を払うシステムで、ソーラーパネルを付けた家が2000年で1万戸を超えた。太陽光発電でつくった電気を、大量に供給する会社もある。ドイツ南部のフライブルクでは、すでに市民の5％がこのソーラー発電を利用している。

世界全体の太陽光による発電（設備規模）は1999年で50万KW、2002年には100万KWを超えた。

2002（平成14）年の日本の太陽電池生産量は25万4,000KW。これは単年の生産量で、累積では2003（平成15）年度末で約60万KW（業界団体まとめ）。世界のトップである。

2. 風力発電

猛烈な勢いで普及が進んでいるのが風力発電で、すでにひとつの壁を破ったといえよう。世界全体では2002年で3,165万KWの発電容量となった。

デンマークでは、日本の四国ほどの国土なのに、290万KWの発電容量を持ち、国全体で消費する電力の21％をまかなう。最新のハイテク風車は1基で4,000人分の電力をつくる。デンマークでは、2030年までに国民の消費電力の30％以上を風力発電でまかなう計画だ。

ドイツはこの10年で風力発電を100倍に伸ばした。2002年末で、約1,200万KWの発電容量を持ち、世界一となった。これにスペイン（480万KW）、アメリカ（470万KW）、デンマーク（290万KW）などが続いている。

ドイツは1987年、地球温暖化対策として自然エネルギー、中でも風力発電に

重点を置く方針を打ち出し、1990年には電力会社に自然エネルギー発電を高い値段で買い取らせる「電力買取法」を可決した。1995年に石油換算で2億4,000万tだったエネルギー消費を、2030年には1億7,000万tに減らし、その25％を自然エネルギーでカバーする計画である。これによって、2030年には二酸化炭素を50％削減するという。

日本は——。風力発電は2002（平成14）年で46万3,000KW（576基）。残念ながらドイツの26分の1でしかない。ただ2001（平成13）年が431基、31万3,000KWだから伸びは大きいといえる。

日本の風力発電の可能性はどの位あるのか。足利工業大教授の牛山泉の計算では、洋上に500KW級の風車を設置すれば、約2億KWの発電容量となり、総電力の約30％をカバーできるという。太陽光発電の方は約40万KW。どちらもまだまだ高価なうえ、買取価格が安い。普及には政策的なバックアップが不可欠である。

日本の法律、「新エネルギー利用特別措置法」にも問題が多い。「2010年に新エネルギーが電力に占める比率を1.35％とする」などとなっているが、ヨーロッパの目標値30％〜50％に比べ、いかにも目標値が低すぎる。また、ゴミ発電までが新エネルギーに入っており、本来の再生可能エネルギー、自然エネルギーの普及を妨げている。

3. 燃料電池

世界の乗用車保有台数は5億2,000万台（1999年）。中国では今後30年で、1億5,000万台増えると予測される。この自動車対策の切り札として期待されるのが燃料電池だ。燃料電池とは、水素と酸素を原料に電気を起こす発電装置。装置の中で水素は、電子と水素イオンに分かれ、その電子が銅線を伝わることで電流が生じる。その電流でモーターを動かす。その後、水素は酸素と結合し、クリーンな水となる。

この原理で動かす燃料電池車は「究極のエコカー」といわれ、世界の自動車メーカーがその開発にシノギを削っている。すでにトヨタは2002年末に日米で20台を発売した。

世界最大級の石油メジャー、ロイヤル・ダッチ・シェルも「2025年までに先進国の車の4分の1が燃料電池になる。世界は2040年頃から本格的な水素社会に移行、石油不足を切り抜ける」と予測する（朝日新聞、2005年1月23日付）。
　「水素スタンドをどう普及させるか」「現状では1台2億円と高価だが、それをどう低価格にしていくか」「燃料電池の触媒となる白金の相場の上昇にどう対応できるか」など課題は多いが、水素社会への歩みはすでに始まっている。

参考文献

高橋裕『都市と水』岩波書店、1988年。
村瀬誠『環境シグナル』北斗出版、1996年。
サンドラ・ポステル『水不足が世界を脅かす』家の光協会、2000年。
世界水ビジョン川と水委員会編『世界水ビジョン』山海堂、2001年。
マルク・ド・ヴィリエ『ウォーター　世界水戦争』共同通信社、2002年。
高橋裕編『地球の水危機』山海堂、2003年。
高橋裕『地球の水が危ない』岩波書店、2003年。
嘉田由紀子編『水をめぐる人と自然』有斐閣、2003年。
モード・バーロウ、トニー・クラーク『「水」戦争の世紀』集英社、2003年。
中村靖彦『ウォーター・ビジネス』岩波書店、2004年。
辰濃和男、村瀬誠『雨を活かす』岩波書店、2004年。

竹内敬二『地球温暖化の政治学』朝日新聞社、1998年。
マイケル・グラブら『京都議定書の評価と意味』省エネルギーセンター、2000年。
気候ネットワーク編『よくわかる地球温暖化問題』中央法規出版、2000年。
S・オーバーテュアーら『京都議定書――21世紀の国際気候政策』シュプリンガー・フェアラーク社、2001年。

第4章

新しい文明の創造

　近代文明の行き詰まりが叫ばれて久しい。「自然は征服可能なもの、人間が支配できるもの」としてきたヨーロッパ思想が、「地球の限界」に突き当たったのだ。「地球の自然は疲弊した。人類は自然との共存という一点においてゆきづまった」（安田喜憲「森と文明」梅原猛ら編『講座文明と環境　第9巻・森と文明』、朝倉書店）のである。その近代を超える新たな文明の創造と、東方思想の復権を最も強く主張しているのは哲学者の梅原猛と、環境考古学者安田喜憲ではなかろうか。2人の主張を紹介しながら、パラダイムシフト（文明の枠組みの転換）について考えたい。

第1節　麦の文明、米の文明

1. 農業革命のふたつのスタイル

　人類史の初期の大きな革命のひとつが「農業革命」だった。梅原によれば、この「農業革命」にはふたつのタイプがあった。「麦の文明」と「米の文明」である。約1万2000年前、「小麦栽培＋牧畜」という形で西アジアに農耕牧畜革命が起こり、東アジアでは「稲作＋漁労」という形の農業革命となった。最新の研究では、両者のスタートはほぼ同時か、東アジアがむしろ先行した、とする説が有力である。

2. 小麦農業の環境破壊、稲作文明の環境破壊

　小麦農業と稲作農業では環境負荷が大きく違う。小麦農業は稲作（水田）農業ほど水を必要としないし、麦は斜面でも育つ。耕地はどんな所にも広げるこ

とができた。小麦栽培とともに始まったヤギ、羊の飼育も大きな問題を引き起こした。耕地にならない劣等地は放牧地となり、放し飼いされたヤギ、羊が牧草を食い尽くした末に、ヤギは木に登って木の芽までを食べた。「こうして農耕牧畜文明は、森を食いつぶして、限りなく耕地、牧草地を拡大する方向を辿らざるを得なかった」（梅原猛「農耕と文明」梅原猛ら編『講座文明と環境　第3巻・農耕と文明』、朝倉書店）のである。

　対して稲作文明は──。もちろん環境問題を引き起こさなかったわけではない。森の一部が壊されて水田になったのは確かだが、稲作には「水」が不可欠で、「どこでも」というわけにはいかない。水田を開く場所は自ずと限られるし、森を皆伐してしまっては、保水力が落ち、田の水が確保できなくなる。日本の森林率が今なお67％で、田畑の土地が20％にとどまっているのは、弥生時代からそのことを日本人が知っていたから、と梅原は言う。

3. 二大宗教の誕生

　実は稲作文明、小麦文明は、「森の文明・砂漠の文明」、さらには「森の宗教・砂漠の宗教」の問題に深く関わってくる。森と砂漠という対極の風土が「その風土に育まれた少数の天才たちに語りかけ、仏教とキリスト教という巨大宗教を誕生させたのである。宗教的天才とは、風土のささやきに耳を傾けることのできる人々であった」（安田喜憲「東西の風土と宗教」梅原猛ら編『講座文明と環境　第13巻・宗教と文明』、朝倉書店）。

　砂漠における一神教の誕生の構造とは───。安田は「ヒューヒューと吹く風の音しか聞こえず、自分の周囲には生きものの姿はなく、満天の星しか見えない砂漠の風土の中で、天に唯一の神を認めるのは、人間の心理として当然の帰結」（安田、前掲書）とみる。そして「この無生命の大地に神が世界を創造したという天地創造の神話が生まれたのも当然の帰結であり、この世界もやがて、砂漠に返り、終末を迎えるという世界観が成立したことも十分にうなずける」（安田、前掲書）とする。ここに生まれたのが、絶大な力を持つ唯一神、一神教の思想である。

　森はどうか──。森の中では梢が視界をさえぎり、満天の星もよくは見えな

い。フクロウの鳴き声、狼の声、川のせせらぎ、葉ずれの音など、砂漠とは対照的に、「森は生命に満ち溢れ、騒々しい」（安田、前掲書）。

　季節もきちんとめぐり、そこでは「生と死」「死と再生」のドラマが絶えず繰り返される。動物の死骸も、落ち葉も土に返り、それが次の生命を養うという循環が永遠に繰り返される。鈴木秀夫は名著の誉高い『森の思考・砂漠の思考』（NHK 出版）の中で、そうした森の輪廻の姿から生まれた概念を「循環的な世界観」と呼び、砂漠の終末に向かって一直線に進む概念を「直線的世界観」と呼んだ。それを受けて安田は「人間の思想もまた、人間を取り巻く有機的世界の中のちっぽけな命の一部にすぎないという森の思想は、人間こそが有機的世界を治めるという砂漠の思想とは根本的に違う」とし、そうした森の風土から一木一草にも神が宿るという多神教が生まれた、とみるのである。

4．一神教、多神教と環境問題

　せんじ詰めると環境問題は「人間の欲望をどうコントロールするか」の問題に行き着く。その時、キリスト教の博愛の精神と、日曜日ごとに教会に通うという信者の存在は、大きな意味、可能性を持つ——と安田は言う。

　もう一方の多神教の代表例、日本仏教の場合は——。限られたこの小さな地球の上で生きていくには、欲望のコントロールとともに、〈山川草木悉皆成仏〉という仏教の「共生（Symbiosis）の思想」こそが不可欠といえよう。

第 2 節　東方思想再考

1．出番

　日本に仏教が入ってきたのは 6 世紀半ば。縄文以来の自然中心の神道が、自然中心の仏教に変えてしまった——としたうえで梅原は、「併せて稲作農業では、小麦農業よりはるかに共同作業が必要だった。それ故、人間と人間、欲望の制限を重視せざるを得なかった。地球（自然）と人間との関係が行き詰まった今、東洋文明の原理の積極的出番である」と強調する。

　近代文明は「進歩」「発展」「力」「対立」「理性」などの原理の上に打ち立

られた。今その「近代文明という家」が「地球の容量」と衝突、大きな危機にある。「近代文明という家」の屋根の色を塗り替えるという小手先の対策ではことは解決しない。パラダイムシフト（文明の枠組みの転換）、土台、柱の付け替えが求められている。その柱、土台には、「循環」「再生」「共生」「調和」「慈悲」「感性」といった東洋思想の原理が据えられるべきではないのか。東洋思想の出番であることは確かである。

2. マータイと「もったいない」

「京都議定書」発効の2005（平成17）年2月、2004年度のノーベル平和賞受賞者ワンガリ・マータイが来日、京都の公式記念行事に参加した後の2月21日、東京・日比谷の日本記者クラブで記者会見した。

この日、目に染みるような緑の民族衣装に身を包み、こぼれる笑顔で会見場に現れたマータイは、何度も何度も「『もったいない』という日本語に感銘を受けた」と繰り返した。

　「リデュース（減らす）、リユース（再使用する）、リサイクル（再利用する）という3Rは大好きです。日本には資源を効率的に利用していくという文化があると思います。『もったいない』という言葉を日本で教えてもらいましたが、素晴らしい価値観です。世界に広げたい。地球の資源は有限ですから……」「家でも会社でも『もったいない』の精神は実践できる。日本からのメッセージとしてこの言葉を持ち帰り、世界に広めたい」。

「21世紀を東洋思想の出番に」という私たちの戦略にとって、アフリカの女性マータイが日本の「もったいない」の精神、言葉に深い感銘を示してくれたことは、何とも心強い「援軍」である。

第Ⅱ部　「産業と環境」を考える

住友は製錬所を無人島の四阪島に移したが、ここでも公害を発生させてしまう。

第 5 章

四大鉱害事件

　なぜ、戦前の四大鉱害事件を取り上げるのか——。戦前の四大鉱害事件とは、足尾（栃木県）、別子（愛媛県）、小坂（秋田県）、日立（茨城県）の4つの鉱山の鉱害（鉱毒、煙害）事件を指す。企業の姿勢、対策のあり方、住民運動の意味と問題点、世論の大切さなど、現代の環境問題に通じるすべてが含まれているといってもいい。まさに「社会科学においては歴史は、自然科学における実験室のようなもの」（宮本憲一）であり、そこにこそ無数の教訓が詰まっているのだ。

　明治における鉱山の位置、役割とは——。明治政府は①江戸時代に繁栄した実績の高い鉱山業②江戸末期に開明的大名が着手していた紡績業③近代国家になるために不可欠の製鉄業——を殖産興業の柱とした。このため、足尾銅山は明治の日本資本主義を支える中心的な存在になっていくのである。

　銅は多額の外貨を獲得する主要な輸出品で、1882（明治15）年には生産量の49.4％が輸出にあてられた。さらにこの割合は1884（明治17）年には59.3％、1886（明治19）年には100％、1900（明治33）年には82.0％となる。何と生産量の8割、時には10割（全量）が輸出に向けられている。日本の銅は世界市場に直結しつつ、日本の近代化のための鉱工業生産設備、兵器、機械類など重工業製品輸入のための外貨獲得産業として、日本資本主義の成立と発展に不可欠な役割を担った。それゆえに、田中正造らの激しい反対にもかかわらず、足尾鉱山はおいそれとは「鉱業停止」とはならなかったのである。

第1節　足尾鉱毒事件・その1——足尾銅山の発展と鉱毒事件

1. 通史

　足尾鉱毒事件の歴史、あらましを『通史足尾鉱毒事件　1877 – 1984』（東海林吉郎、菅井益郎、新曜社）、『谷中村滅亡史』（荒畑寒村、新泉社）、『日本の公害史』（神岡浪子、世界書院）、『ドキュメント　日本の公害』（川名英之、緑風出版）などによりながらみておきたい。

　足尾銅山は栃木県上都賀郡足尾町にある。足尾銅山は16世紀中葉の発見で、1613（慶長18）年に幕府直轄となり、1676（延宝4）年から1687（貞享4）年まで年に1,300 t以上を生産した。慶長の昔には世界最大級の産銅量を誇る鉱山」（ヤマ）だった。幕府直轄時代は5分の4が幕府御用、5分の1が長崎からオランダに輸出されていた。

　1867年の維新変革によって明治政府の支配下に入り、1871（明治4）年、民業が許可となる。1877（明治10）年、古河市兵衛が鉱業権を譲り受けて操業を開始した。

　1881（明治14）年、1884（明治17）年と相次ぎ大富鉱を発見、産銅量は急上昇する。1884（明治17）年には2,286 tと全国産銅の26％を占め、四国・別子銅山を抜いて全国一の銅山になった。

　追い風も吹く。1886（明治19）年になって、イギリスやフランス、ベルギーなどが従来の鉄線に代えて電信線に鋼銅線を採用、翌1887（明治20）年には日本でも銅線の試験が好結果を出す。当然、銅需要は急増した。

　さらにイギリスのジャーデン・マジソン商会から古河産銅を3年間、独占的に買い取りたいとの申し出があり、1888（明治21）年に契約を交わす。「1888（明治21）年9月から1890（明治23）年12月まで、古河産銅1万9,000トンを売買、総額630万円」という巨額の取引で、この巨額の資金を背景に古河は足尾銅山の近代化と増産に打って出るのである。

　1889（明治22）年、日本最初の水力発電所、間藤水力発電所の建設に着手、翌年に完成する。これで製錬所の動力源をそれまでの木材、コークスから電力

に変えていく。同時に坑道内に電気ポンプも据え付けて、排水と鉱石の巻き上げを高能率化した。「採掘の革命」だった。

　1891（明治24）年、本山坑終点と製錬所を結ぶ電気鉄道を新設する。また、それまでは製品搬出は牛馬によったが、1890（明治23）年、30馬力ボイラーによって細尾峠を越えて日光に通じるケーブル運搬を開始した。その直後、鉄道が日光まで敷かれ、足尾の銅を全国に搬出できる体制が整った。

　この全山挙げての近代化で、足尾銅山の産銅量は一気にアップ、1889（明治22）年4,839 t、1890（明治23）年5,789 t、1891（明治24）年7,547 tとなった（日本経営史研究所編『創業百年史』、古河鉱業株式会社）。加えてマジソン商会との3年契約が「0.6 kg当たり20円75銭」だったため、実際の市況が16円70銭に暴落したのに古河は大儲けし、他の鉱山に対し決定的な優位に立ったのである。

　そして古河は残された最大の課題「銅精錬技術そのものの近代化」に取り組んでいく。「ベッセマー法」への挑戦がそれだった。「ベッセマー法」とは、イギリスのベッセマー（Hennry Bessemer、1813年〜1898年）によって開発された転炉を用いての鉄鋼の精錬方式。銑鉄（鉄鉱石を溶融し、還元と加炭を行った鉄。炭素、珪素、マンガン、リン、硫黄などを含む）から炭素を取り除くことが鋼を造るうえでの課題だったが、ベッセマーは溶融銑鉄の中に空気を吹き込むだけで、珪素や炭素が酸化されて簡単に鋼に変化することを発見した。この方法だと、酸化熱によって溶融銑鉄の温度を1,550℃まで上昇させることができ、燃料費もいらない。しかし、銅についてはアメリカに実用例がひとつあるだけだった。

　古河の技術者、塩野門之助が「3か月、アメリカへ行かせてください」と申し出て、アメリカ現地に飛ぶ。そして現地で学んだ技術で1893（明治26）年11月、世界で2番目のベッセマー式製錬炉（転炉）の試験操業にこぎつける。

　ベッセマー法の威力はものすごかった。それまで32日かかった製銅工程がわずか2日に短縮される。しかし同時に環境破壊も一気に進んだ。農商務省は1897（明治30）年の山林被害を「官有林1万3,500 haのうち、保護管理すれば森林に戻る可能性のあるもの7,000 ha、煙害裸地3,500 ha」とみている。ちなみに、「煙害裸地」と「管理すれば森林に戻る可能性のあるもの」を合わせた煙害被害地約1万haとは、およそ東京ドーム2,000個に相当する。

川もまた、汚染されていく。〈其の漁利関東無比〉といわれた渡良瀬川から魚影が消えていった。

2. 被害の拡大と反対運動

　1890（明治23）年8月、渡良瀬川は大洪水となる。足尾銅山から有毒重金属を含む鉱泥などが渡良瀬川に大量に流出、栃木、群馬両県の田畑1万haが鉱毒水に浸かり、農作物が全滅、被害農民から「鉱業停止を」との悲痛な声が挙がった。そして田中正造が立ち上がる。洪水の翌年の1891（明治24）年、第2回帝国議会で「鉱業停止」を求める初の演説を行うのである。正造50歳、生涯をかけた戦いの開始である。

　この洪水被害については農民は、半ば騙された形で示談に応じる。古河市兵衛は企業責任ではなく「徳義上の補償」として、栃木県の場合には、1反（約991.7㎡）平均1円70銭と、肥料代の半分にも足りない額を支払っただけだった。古河の負担は栃木、群馬両県合わせてもわずか10万9,000円。この頃古河はマジソン商会に1万9,000tの銅を売り、約630万円を得ている。

　渡良瀬川流域は1896（明治29）年にも再び大洪水に見舞われた。1897（明治30）年、農民は2回にわたり東京押し出し（集団上京・陳情）を敢行、政府に直接交渉し、わずかな額ながら被害補償と免税を実現させた。そして鉱毒問題は一気に社会問題化、政府も「第一次鉱毒被害調査委員会」を設置し、古河に鉱毒予防命令を下す（1897年5月27日）のである。

3. 川俣事件

　ところが1898（明治31）年にも大洪水が起こり、政府の予防工事命令を受けて古河が造った沈殿池が決壊、流域一帯に大きな被害が出た。激怒した農民は大挙、東京押し出し（第3次）を決行した。

　第4次の押し出しが有名な「川俣事件」である。1900（明治33）年2月13日、東京に向かう農民は利根川北岸の川俣宿（現・群馬県明和村）で警官と衝突した。100余人が「兇徒嘯聚罪」などで逮捕され、運動は挫折した。

　事件から4日後の2月17日、田中正造は第14回帝国議会で政府を追及する。

300人の警官がサーベルをそろえて吶喊(とっかん)した。また殴るときには土百姓、土百姓とおのおの声をそろえて言うたのである。この「土百姓」という声はどこから出るのであるか。

さらに正造は「民を殺すは国家を殺すなり。法を蔑(ないがしろ)にするは国家を蔑するなり。皆自ら国を毀(こぼ)つなり。財用を濫(むさぼ)り民を殺して法を乱して而して亡びざるの国なし、之を奈何(いかん)」との怒りの質問書を議会に提出するが、政府答弁は「質問の旨趣、其要領を得ず。依って答弁せず」だった。

4. 直訴事件

議会制政治に絶望した正造は翌1901（明治34）年12月、明治天皇に直訴する。直訴は失敗に終わるが、正造の命をかけた訴えに世論は沸騰した。支援の輪も広がるが、1904（明治37）年の日露開戦がこの機運を一気に冷ます。戦争となれば大砲づくりにも砲弾製造にも銅は欠かせない。農民の鉱毒被害を訴える声はあっさりとかき消されていったのだった。

5. ふたつの村が廃村に

政府は鉱毒事件の最終決着を目指し、下流に鉱毒水沈殿池を造るという遊水池計画を打ち出す。発生源対策ではなく、下流の遊水池に鉱毒水を溜め込むという計画で、栃木県谷中村は湖底に沈んでしまう。正造は1904（明治37）年からその死（1913年）まで谷中村に移り住み、抵抗。しかし、1917（大正6）年、力尽きた農民は村を離れ、1,200 haの谷中村は消滅した。

これより先、上流の松木村が「消滅」している。被害が出始めたのは1882（明治15）年頃からで、足尾鉱山が吐き出す煙で農作物被害だけでなく蚕もやられ、馬までが倒れる。1903（明治36）年までに、1戸を残して村民は村を去っていった。

そうした犠牲のうえに足尾は銅生産を急増させていく。1913（大正2）年には銅生産が1万tを突破、1917（大正6）年には1万7,387tと足尾鉱山史上最大を記録した。その後の満州事変、太平洋戦争期間中も発展を続けた古河財閥と足

尾銅山だったが、戦後は産銅量が大幅減、朝鮮特需で一時盛り返したものの次第に外国産の銅に押され、1973（昭和48）年についに閉山となるのである。

東海林吉郎の試算によれば、足尾銅山から排出された亜硫酸ガスは、濃硫酸に換算して操業開始の1877（明治10）年から1897（明治30）年までに28万6,884 t、1907（明治40）年までに53万9,820 tに達したという。そして、少なく見積もっても数千haの森林がハゲ山と化し、数万haの田畑が鉱毒で侵されたとみられる。

第2節　足尾鉱毒事件・その2——人間群像

歴史を、時代を規定するものとは——。大きくは経済システムや政治体制であろう。しかし、民衆の思いや祈り、それを背負った個人の行動もまた、時に歴史を大きく動かす。四大鉱害事件でも、豊かな個性の個人が歴史を切り開き、歴史に足跡を刻んだ。そうした人間群像を追ってみたい。

1. 古河市兵衛

1832（天保3）年生まれ、1903（明治36）年没。古河財閥の創始者である。1832（天保3）年3月16日、京都岡崎の商人の次男に生まれた。木村という姓の貧乏な家だったという。幼時から立身出世の願望が強く、伯父を頼って出郷、盛岡の鴻池屋の手代となる。1858（安政5）年に小野組糸店手代、古河太郎左衛門の養子となり、古河市兵衛を名乗った。その後、小野組に勤め、幕末維新期に生糸貿易に敏腕を振るう。小野組はいわゆる御用商人で、商業資本、そこにおける金の大切さを、子供の頃から骨身にしみて育った市兵衛は、必要な時にはどんな大金も思い切って使うが、必要ないと考えた時には一銭も出さないという徹底した商人気質の人物だった。これが足尾鉱毒事件の展開にも大きく影響する。

市兵衛は小野組の手代をやりながら、小野組が始めた鉱山の経営にも関心を持ち、阿仁（秋田県）、院内（同）などの鉱山の経営にもタッチした。やがて小野組が破産するが、市兵衛は渋沢栄一らの資金援助を得て鉱山業に乗り出し、

1877（明治10）年には、それまで活動の中心としてきた生糸取引業を止めて、鉱山経営に専念、特に足尾銅山の経営に力を注ぐのである。
　市兵衛は、技術の重要さを熟知、そこに金を注いだ。大学出の技術者を多数採用、ベッセマー製錬法などをいち早く取り入れ、1890年代には全国一の銅山に発展させた。もうひとつ、姻戚関係で人間関係をつくっていくのも彼のやり方の特徴で、親戚の青年（木村長兵衛）を足尾の鉱長に据える。彼が足尾の発展に大きな貢献をするのである。
　市兵衛が鉱山の仕事を始めた翌年の1878（明治11）年には、すでに渡良瀬川下流で魚が死ぬという被害が出ている。1880（明治13）年には栃木県の県令（知事）藤川為親が「この地域の魚は衛生に害があるから一切獲ってはならない」と布告を出すのだが、その原因を調べようとした矢先に、島根県に左遷されてしまう。
　次に来たのが有名な三島通庸。福島にいた時「火付けと自由党は絶対に自分の県に入れない」と豪語した男で、「力こそ正義」という明治の官僚、政治家の「ある典型」である。そして三島は、当時は栃木町にあった県庁を東北の抑えのために宇都宮に持っていく。民家を引きずり倒して県庁を建て、7日間で宇都宮の大通りを造り、「鬼県令」といわれた。もちろん、前任の藤川が手がけた公害対策などはやらない。その三島排斥運動の中で、政治的訓練を受けて田中正造が出てくるのである。
　県令三島が何も対策を取らないので、当然、被害は増大、1880（明治13）年に2,800戸だった渡良瀬沿岸の漁民は、1888（明治21）年には700戸に減っていく。この間、市兵衛は1884（明治17）年に大鉱脈を掘り当てる。そして、日本最初の水力発電所を造り、坑道奥まで電線を引いてポンプを据えて排水、採鉱量を急増させていくのである。
　1890（明治23）年8月、大洪水が起こる。ここから本格的な農民の押し出しが始まるが、市兵衛は明治政府そのものと結んでいく。原敬を古河合名会社の副社長に据えるが、彼こそが1907（明治40）年、谷中村強制立ち退きを命じた時の内務大臣である。さらに市兵衛は、陸奥宗光の次男潤吉を養子にしたうえ、明治の元勲井上馨を古河家の後見人とし、そのつてで西郷従道との間にも姻戚

関係をつくっていく。西郷は明治30年代、鉱毒事件の一番のヤマ場の時の内務大臣。彼らが鉱毒事件の被害者の前に立ちはだかった。田中正造が戦ったのは、明治政府そのものだったのである。

2. 田中正造

　対する田中正造は——。1841（天保12）年生まれ、1913（大正2）年没。自分の一生と全財産を民衆のために投げ打った巨大な政治家である。

　確かに「聖人」だが、スマートな論客、といったイメージではない。「奇言奇行」も多かった。1891（明治24）年12月26日の「日本新聞」にこんな記事がみえる。第2回帝国議会の模様である。

　　デブデブに肥え太りたる体に五ツ紋の羽織を着け、政府委員の方へ向かい、勇ましく叱咤的質問を為したり。風采の一種異なりたるがうえに、奇言奇語口を衝いて出づるが故に、君が壇に在る間は終始笑声よもに起こり、議場は和気に棚引けり。

　いわば議会の名物男で、政府系のジャーナリズムさえも、彼を憎むどころか、その天衣無縫な人柄に愛着を覚え、各紙は彼に「栃木鎮台」「栃鎮」「田正」などのニックネームを捧げている。

　正造は佐野市の庄屋の家に生まれた。17歳で小中村（現在の佐野市）の名主に選ばれ、主家六角家の厳しいやり方に反抗し、投獄されて10か月、土牢に。明治維新時も牢の中だった。

　その後、岩手県の江刺に官吏として勤めるが、同僚殺しの嫌疑（まったくの冤罪）を受けて、1871（明治4）年に再び遠野の獄に入牢、1874年（明治7）年にやっと出獄した。この獄中（3年余）で、「西国立志編」などをむさぼるように読み、西洋の自由思想を学んだという。

　そして帰郷。西南の役の直前でインフレーションの時代だった。彼は「西南の役が終われば土地が上がる」と読み、有り金をはたいて土地を買う。予想通り土地代は値上がりし、今なら数千万円相当の2,000円という大金を手にした。

そして「今後は人のためになる生き方を」と政治家になっていくのである。

1879（明治12）年、栃木新聞を発刊、1880（明治13）年には県会議員に立候補して当選した。この年、民権結社「中節社」を組織、国会開設の建白書を元老院に出している。初め、自由党に近かったが、後にやや穏健な改進党に属していく。

1880（明治13）年から1884（明治17）年は栃木県の政治の激動期だった。栃木県は自由党の強いところだったが、前述のように1883（明治16）年に県令としてやって来た三島通庸が、1884（明治17）年に県庁を強引に栃木町から宇都宮に移す。その県庁の開所式を狙って自由党による加波山事件が起こる。その頃正造は、県令三島の暴政を排すべく、証拠を集めのため東京に潜行中だったが、正造を憎む三島は改進党員である正造を強引に加波山事件連累者に仕立て宇都宮の牢に、そして11月には佐野警察に送った。しかし、三島は11月21日、内務省に転出、12月23日、正造は解放され、県民の歓呼に迎えられる。正造が捕らえられている間に自由党は解党、改進党の勢力が栃木県内に広がり、1886（明治19）年には正造が県会議長に就任することになる。一方、三島も警視総監になっていくのだった。

1890（明治23）年、第1回の総選挙で正造は栃木3区で衆院に当選、以後、1901（明治34）年まで、毎回当選する。1891（明治24）年には最初の国会質問を行い、「鉱業停止」を求める演説を行った。

1896（明治29）年、渡良瀬川流域に何百年来という大洪水が起こる。被害農民が鉱毒事務所を群馬県館林市の雲龍寺に開いて、自作農を中心とする運動を始める。そして農民が上京、政府の窓口を叩いて回った。

1897（明治30）年、第2回の正造の鉱毒質問。そしてこの時から、東京など各地で街頭演説が開かれるようになり、足尾鉱毒事件は社会問題になっていく。この運動の賛同者には徳富蘇峰、頭山満、片山潜、三宅雪嶺、内村鑑三、谷干城、勝海舟らの名が並ぶ。同時に被害農民らは新聞社へも働きかけを行った。

足尾鉱毒事件のヤマ場のひとつは1897年（明治30）ではなかったか。この年3月、2,000人の農民が渡良瀬川下流から上京して請願行動をした。警察に阻止され、やっと100人ほどが東京にたどり着いて政府の窓口を回るのだが効果は

なかった。そんな折り、明治の軍人、政治家で、西南戦争で熊本城を死守したことで知られる谷干城が友人の勧めで鉱毒の被害地を視察し、当時の農商務大臣榎本武揚にその報告をする。榎本も、1897（明治30）年3月、実際に出かけて行って被害のひどさを実感、政府内に「鉱毒調査会」をつくるのである。そして帝国大学の権威を集めてつくった「予防命令」を鉱山に発したのだった。「150日以内にこの予防命令を実行しなければ、鉱山鉱業権を停止する」という命令書は日本で唯一、政府が企業に対して厳しい態度を取った例だといわれる（1897年5月27日、命令）。しかし、古河は突貫工事でこれに応えたため、一時、運動ははぐらされた形となったのだった。

　1898（明治31）年になっても一向に鉱害は減らず、また大洪水が来る。この時、現地から1万人の農民が集団陳情、3日かかって東京の郊外の千住近くの保木間までたどり着く。正造が出かけていって説得、代表を残して解散した。正造は、その時の政府が自分たちの属していた改進党の流れである「憲政党」の政府であったため、「決して被害者に損なことはさせないはず。もし万一、政府の態度が変わらないようだったら、この次は私も先頭に立って、何万人でも陳情に一緒にいくから、今回だけは代表者を残して、平穏に解散してくれ」と説いたという。農民はこれを受け入れる（「保木間の誓い」）。

　しかし代表陳情は一向に効果がなかった。そして1900（明治33）年の押し出しに対し、政府は弾圧で応える（川俣事件）。「これ（弾圧）が政府の答えか」と絶望した正造は1901（明治34）年には議員を辞職する。

　その直後の1901（明治34）年12月10日、直訴事件。直訴状を手にした正造が明治天皇の馬車に迫ったが、警備の警官に取り押さえられ、失敗に終わる。しかし、自らの死を代償とした行為に世論は沸騰、全国津々浦々に配られた事件を伝える号外を、人々はむさぼり読んだ。

　その後、学生らが大挙して足尾の現地に入るなど運動は盛り上がるが、日露戦争がその盛り上がりを一気に冷ます。しかし正造は谷中村に住みつき、最後まで抵抗した。「谷中村の村民が皆乞食になるなら、俺も乞食になるしかない」と正造は語っていたという。

3. 榎本武揚

　1836（天保7）年、幕臣の次男として江戸に生まれる。昌平黌で学び、1856（安政3）年、19歳で長崎の海軍伝習所に入所、機関学、化学を学ぶ。さらに1862（文久2）年にはオランダに留学、フレデリックスについて「万国海律」（国際法）を学んだ。いわば幕府官僚の大エリートだった。

　語学、軍事、国際法、化学など広い知識を得て、1867（慶応3）年、幕府が注文していた軍艦「開陽丸」に乗って帰国、同艦の「船将」となる。さらに1868（慶応4）年には海軍の副総裁となった。ここまでは絵に描いたようなエリートコースだった。

　ところが江戸開城、上野戦争で幕府は崩壊する。しかし榎本は幕府軍艦の明治政府への引き渡しを拒否、旧幕軍を率いて品川沖から脱走し、函館の五稜郭に拠って政府に抵抗した。単に滅び行く幕府に殉じようとしたのではなく、新天地を蝦夷の地に、と考えたようだ。1868（明治元）年、蝦夷の地に新政権樹立を宣言、「万国海律」（国際法）の知識を生かし、列強からも認知を取り付ける。そして、蝦夷島共和国の初代総裁に選ばれた。1868（明治元）年、33歳の時である。

　翌1869（明治2）年、激戦の末五稜郭で新政府軍に降伏、投獄されるが、敵役だった黒田清隆や福沢諭吉らの奔走で1872（明治5）年、赦免される。当代一の科学知識、国際法の知識、感覚を身につけた榎本をむざむざ殺してなるものかということだったのであろう。また、五稜郭において玉砕を決意した時、日本に1冊しかない「万国海律全書」を燃やすわけにはいかないとして、官軍に贈り届けたエピソードも有名である。

　榎本は出獄後間もなく、北海道開拓の調査に従事、1874（明治7）年には、特命全権公使としてロシアに駐在、翌年、懸案だった難題の「樺太千島交換条約」の締結を実現させている。その後も明治政権を支える重要な仕事を次々とこなし、1885（明治18）年には、50歳で逓信大臣。さらに文部大臣、外務大臣、農商務大臣などを歴任した。明治政府の中で出世を続けたようにもみえるが、そうではない。佐々木譲は『武揚伝』（中央公論新社）の中でこう書いている。

　明治政府の手に負えぬ事業が出たとき、その都度、武揚がそのプロジェク

トの現場と実務の責任者を引き受けた。武揚は黙々とこれらの仕事をこなした。栄達は求めず、政争には加わらず、回想録を記すこともなく、ただ自らの専門能力を十全に生かすべく、働いたのだった。

さて、農商務大臣としての足尾鉱毒事件との関わりはどうだったのか。1897 (明治30) 年、榎本は内閣に「足尾銅山鉱毒調査会」をつくらせる。そして調査会が古河に予防命令（工事命令）を出すその直前に、榎本は大臣を辞任した。周囲は皆、古河派。自分の首をかけて予防命令を出すことが榎本にできた最大の抵抗だったのではなかろうか。若き日、蝦夷の地に共和国を夢見た榎本には「民衆への思い」があったのであろう。限界があったとはいえ、次男を古河の養子にした陸奥などに比べ、何とも爽やかではないか。

第3節　足尾鉱毒事件・その3——直訴の意味

1. 直訴の狙い

1900（明治33）年2月、川俣事件の逮捕者100余名のうち、68人が「兇徒嘯聚罪」、あるいは「官吏抗拒罪」「官吏侮辱罪」などで予審に回された。「嘯聚」とは「互いに呼び合って集まる」の意。そして同年7月、「兇徒嘯衆罪」の41人、「兇徒嘯聚罪及び集会及び政治結社法違反」の6人など計51人が前橋地方裁判所の公判に付されることになる。

田中正造にとっては、この川俣事件による被害農民の戦闘意欲の低下と、組織的退潮を立て直すことが至上命題だった。現在の状況と違って素朴な農民が官憲に逮捕されたことの衝撃は大きかった。正造は入檻者に法廷闘争の心構えを説く。「発奮すれば無罪なり。ちぢみこまれば罪になるかも」。そうした中で正造はひそかに、天皇への直訴を決意する。1901（明治34）年の夏前ではないかと思われる。

正造は、天皇の慈悲にすがって鉱毒事件の好転を図ろうとしたのではない。天皇への直訴で「社会的な衝撃」を狙い、それによって報道機関を動員、川俣事件以来、退潮をたどる鉱毒反対運動の再活性化を図って、政府の譲歩を引き

出そうと考えたのではなかろうか。大衆への影響力を持ち出した新聞の力に着目したことも、それまでと違うところといえよう。

　1901（明治34）年6月8日、正造は東京・新橋で毎日新聞の主筆、石川半山と会い、そのまま石川宅へ。そこで石川は正造に「君唯佐倉宗五郎タルノミ」と説いたという。この石川との会談で、新聞工作も含めて、直訴の最高の協力者を正造は得たことになる。この時期、毎日新聞は最も被害農民の心情を理解する新聞だった。さらに正造は、1日置いた6月10日、幸徳秋水に会って協力を取り付ける。この頃、正造は直訴への最後の決心を固めたものと思われる。

　毎日新聞は「正造がいずれ直訴する」ということを視野に入れた紙面展開をする。即ち、1901（明治34）年10月23日に正造が衆議院議員を辞職した折り、他紙が「スタンドプレー」として小さく扱ったのに対し、毎日だけは被害地の反応を含めて大きく報じた。さらに11月22日からは松本英子を起用、「鉱毒地の惨状」と題するルポを連載している。直訴をその頂点に位置づけ、世論の沸騰に圧倒的な効果を盛り上げることを狙った布石だった。

2. 決行

　帝国憲法第3条には「天皇は神聖にして侵すべからず」とある。直訴に出た者は、切り捨てられても文句はいえない。直訴は「死を賭して」のものだった。

　しかし、直訴は失敗する。直訴状を手渡す前に、正造は取り押さえられる。状況は――。1901（明治34）年12月10日、第16回帝国議院の開院式に臨んだ天皇が午前11時45分、貴族院を出たところを、直訴状を手にした正造が「お願いがございます」と天皇の馬車に駆け寄る。しかし、警備の警官にあえなく取り押さえられてしまう。

　取り調べでは正造はひたすら、天皇にすがったものとの建前を貫いた。これだと不敬罪も成り立たない。こうして正造は逃亡の恐れもなく、老人でもあるということで事件当日（12月10日）の夜には釈放された。

　旅館に入った後、こっそりと内幸町の植木屋に転宿、石川半山、幸徳秋水と田中正造が総括会議を開く。「一太刀受けるか殺されねばモノにならぬ」（石川）。「弱りました」（正造）。「やらぬよりも宜しい」（石川）。

なお、《謹奏　草莽ノ微臣田中正造誠恐誠恐惶頓首頓首謹テ奏ス…》で始まる直訴文は、当代一の名文家といわれた幸徳秋水が、正造の説明をもとに執筆し、正造は正確を期して、直訴直前に各所に訂正印を押して修正を加えている。

3. 大きかった反響

　新聞は中央紙のみならず、全国の各新聞によって即日、号外で報じられる。全国の新聞が翌日からほぼ1か月にわたって、この事件の記事と論説を掲載した。石川啄木は号外を売ってカンパ、17歳の苦学生黒澤酉蔵は「全身の血がわきかえり、煮えくり返り、どうしてもじっとしていられない衝動にかられ——」、正造の宿を探し出し、運動に飛び込んでいく。
　当時、高知小学校3年生だった浜本浩は後日、次のように書いている。

　　田中正造の直訴事件が突発したのは明治34年12月11日（原文のまま）の午前11時半頃。現場から三百里離れた私の郷里（高知）でも、午後2時頃には号外が出たさうだから、よほどの大事件だったに違ひない。追ひかけて出た二度目の号外には直訴文の筆者が、本県出身の万朝報の記者幸徳秋水である旨が記されてゐたさうである。私が10歳で、高知市外潮江村立尋常小学校の3年生であつた。（山本武利「足尾鉱毒問題の報道と世論」『東京大学新聞研究所紀要』No.20）

　世論形成に新聞が大きな力を持ち始めた時代が来ていたことが、この一文からも読み取れる。
　直訴後、演説会が頻繁に開かれ、これを聞いた当時の帝大生河上肇は、持ち合わせがなかったため、着ていた外套、羽織、襟巻きを係りの婦人に差し出し、翌朝はさらに、身につけている以外のほとんどの衣類を行李に詰め、人力車夫に頼んで送り届けている。
　キリスト教徒、仏教徒、社会事業家なども相次ぎ立ち上がる。こうして直訴事件は、大逆事件と並ぶ明治の二大社会事件となった。
　この直訴で、正造は「ひとつの区切り」をつけたといえよう。「すなわち、権

利獲得の戦いという政治家としての視点から、『人間の救済』という視点へと変わった」（新藤泰男「田中正造のヴィジョン」『桜美林エコノミックス』第46号）。「谷中村民が飢えるなら、自分も乞食になるしかない」との正造の言葉に、この変化が読み取れる。

第4節　足尾鉱毒事件・その4——緑の再生はなったのか

1. 緑の復活はほんものか

　国、栃木県、そしてボランティア団体が懸命に、ハゲ山と化した足尾の山々に植林を続けている。国有林の場合、緑化率は50％、即ち煙害を受けてやられた国有林の半分になんとか緑が戻った。残りの50％は手がつけられていない。「蘇った足尾」は半分のエリアについてしかいえない。

　民有林はどうか。845 haが荒廃した。施行可能（緑化作業可能）は410 haで、これまでにその61％が緑化された。これは県の仕事だった。

　また、ボランティア団体「足尾に緑を育てる会」は1996（平成8）年から植樹を始め、これまでに約2万本の植林をしている。

　緑化プロジェクト全体は国有林80％、民有林20％。そして自然復旧もある。全体でいえば50％強に緑が戻ったといえようが、内実はニセアカシアなど、すぐ根を張る木が多い。多様な木がそろってこそ本当の森の復活で、道はなお、遠い。

2. 巨額な対策費

　民有林緑化に県はこの30年で173億円を使っている。国有林はどうか。1897（明治30）年、農商務省は、煙害裸地が3,500 haとの見解を示している。足尾の官有林は1万3,500 ha。森林として残っているのが3,000 ha、保護管理を行えば森林に復活する可能性があるのが7,000 ha、それ以外のもの（これが煙害裸地）が3,500 haという見解である。

　足尾の治山事業の開始は1897（明治30）年からで、3か年で裸地3,500 haに植林しようとした。「足尾官林復旧事業」と呼ばれ、約3万円が支出されたが、うまく育ったとはいえない結果だった。その後、1906（明治39）年からは「足尾国

有林復旧事業」と名を変えて緑化が行われ、細々と作業が続いた。

　戦後も緑化を続けるが、苗木はいくら植えても枯れてしまった。戦後の一時期、猛烈な亜硫酸ガスが放出されていたからだ。足尾は1956（昭和31）年2月に自熔炉を完成させ、同年7月には月産5,000t規模の硫酸工場を造って操業を開始する。自熔炉（自熔製錬法）というのは「粉鉱をあらかじめ気流乾燥させて炉頭から投入すると、炉底につくまでに生鉱中の硫黄、鉄が酸化して、その際に発生する熱で銅鉱の焙焼と熔錬を同時に行う」方式。亜硫酸ガスの濃度も高く、回収しやすい。それで硫酸を造ったのだったが、1961（昭和36）年の場合、産銅量は約2万tで、濃硫酸12万tが製造されている。この比率で計算すると、産銅量が5,000t～6,000tで推移していた1890（明治23）年～1900（明治33）年頃は、年間3万t～4万t、1日約100tの濃硫酸が製錬所周辺に撒き散らされていたことになる（石川栄介「一本の苗木に夢を託した」ずいそうしゃブックレット『よみがえれ、足尾の緑』所収）。これでは苗木は育つはずもない。緑化の努力の多くは徒労だった。

　その緑化費用は──。戦後の足尾の国有林、民有林に対する治山事業費は、累計で約235億円（1999年）に達した。戦前の荒廃地復旧費は約6万9,000円で、現在の貨幣価値に直すと300億円は下らないとみられる。

　この数年でみても、国交省の砂防工事などを除いて毎年、11億円前後が緑化などに費やされている。

3. 守られなかったPPP

　理屈でいえば、当然この費用は原因者の古河が負担すべきものだ。しかし、そうはならなかった。1960（昭和35）年10月27日、国と古河との間で協定が結ばれ、政府は損害賠償請求権を放棄している。協定は「古河鉱業は、足尾銅山の鉱煙の排出による鉱害に関し、既往における国有林野の災害復旧の協力等として326万円余を支払う」というもの。「明治以来の国有林の煙害問題に決着」がついたとされた。要するに国は、自熔製錬法による除害設備の稼動で、煙害は終わったとし、直近の3年間についてのみ、古河に損害賠償を請求、古河は326万円を見舞金として支払ったのだった。

なぜ 3 年間か。鉱業法第115条では「損害賠償請求権は、被害者が損害及び賠償義務者を知った時から 3 年間行われない時は、時効によって消滅する」とある。なぜ、戦前、戦中には請求ができなかったのか。戦時中は銅は国家の生命線だった。損害賠償を請求などすれば、非国民と呼ばれたであろう。PPP（汚染者負担の原則）は無残に破られ、足尾の緑化には私たちの税金が使われるに至ったのである。

第5節　別子鉱害事件・その1——前史および新居浜時代

足尾が「被害住民・田中正造」VS「銅山・明治政府」の全面対決だったのに対し、別子では国、県が強い指導力で住民と企業に協定を結ばせる。「資本主義体制下で何とか、農と工の両全を図れないか」と懸命に政府が模索したのが、別子のケースだった。

1．別子銅山

別子銅山は、1691（元禄 4 ）年に江戸幕府の許可を得て開坑されてから、1973（昭和48）年に休山するまで、実に283年もの間、連綿と掘り続けられた鉱山（ヤマ）である。この間に産出した銅は約70万tに及び、足尾銅山、日立銅山、小坂銅山と並ぶ日本屈指の銅山だった。明治以降、日本の近代化を担い、一寒村だった新居浜（愛媛県）を四国屈指の工業都市に押し上げたのが別子鉱山だった。

別子鉱山は江戸時代は大阪泉屋（後の住友家）が所有する鉱山で、松山藩（現在の愛媛県）と西条藩（同・香川県）の境に位置し、その北側の険阻な山中で、住友吉左衛門友芳により、1691年に稼業が開始された。産銅量は年々増え、1698（元禄11）年には、近世において一銅山としてはわが国最大量の1,500 tに達した。1796（寛政 8 ）年には鉱害（鉱山廃水）が問題化、次第に農業被害も増大するが、1819（文政 2 ）年に現地に派遣された徳川幕府の 2 人の役人は「銅汁が格別に増えたというわけではない。鉱毒などいまさら事新しく（中略）申し立てぬとの一札を出せ」と村役人を叱るなど、「住友擁護」の姿勢を鮮明に

している。これでは鉱害は収まるはずもないが、製錬は人里離れた山中で行われたため、立ち木を枯らすなどの被害を出しながらも、この段階では大きな社会問題になることはなかった。

2. 新居浜製錬所の煙害
（1）広瀬——伊庭ライン

　時代は明治へ——。明治維新政府は別子銅山を接収、土佐藩の管理下に置く。この時、住友家のために難局に立ち向かったのが広瀬宰平(さいへい)で、「住友家中興の祖」といわれる。当時は別子銅山の支配人だった。

　広瀬は鉱山担当の土佐藩の川田元右衛門（後に小一郎と改名、日銀総裁にもなった人物）を懸命に説得、「ノウハウは住友にしかない。没収は国益に反する」と説いて住友経営を認めさせる。その結果別子は、明治維新期におけるわが国唯一の民営鉱山となったのだった。

　そして広瀬は1876（明治9）年に「別子近代化起業方針」を出し、洋式の製錬所づくりを目指す。社内体制としては広瀬が1882（明治15）年から総理人（実質上の社長）となり、伊庭貞剛が1879（明治12）年から大阪本店支配人（専務格）となって「広瀬——伊庭」ラインで、近代化が目指される。

（2）新居浜進出と煙害

　山中にあって手狭となった製錬所が下界に降りてくる。1883（明治16）年、愛媛県新居郡新浜村字惣開（現・新居浜市）に小さな試験的な洋式溶鉱炉が建設され、以後、中高炉、大高炉と続き、惣開は洋式の溶鉱炉5座を初め、和洋各種の製錬施設数十座を擁する大製錬基地となっていった。地名までが「溶鉱炉」と俗称されるようになるが、1887（明治20）年頃から、近村に、溶鉱炉による亜硫酸ガス公害が発生、農業被害を与え出す。特に1893（明治26）年、別子銅山と新居浜を結ぶ鉄道が開通すると、製錬量も一気に増え、1894（明治27）年の初夏からは大量の亜硫酸ガス排出で、近在数か村の麦、米がやられ、大きな騒動になっていった。

（3）住友の植林

　伊庭は1894（明治27）年2月、本店支配人の資格のままで現地である新浜

村惣開の「住友別子鉱山新居浜分店」に赴任、まず、荒廃させてしまった山林の植樹から始める。

　1893年（明治26年）まで毎年30万本に満たなかった檜、杉などの植林数は、1894年には120万本に急増、（中略）1897年120万本、1898年は135万本、翌1899年には145万本余と、毎年100万本を超過するに至った。（住友別子鉱山史編集委員会『住友別子鉱山史』、住友金属鉱山株式会社）

　この事業が1921（大正10）年には住友林業所となり、1955（昭和30）年には住友林業株式会社となる。周囲の山々をハゲ山と化して放置した足尾とは、「別の道」を歩んだのである。
（4）煙害激化と農民の抗議
　とはいえ、植林だけでことが解決するわけはない。煙害激化の1893（明治26）年頃から、農民の抗議運動も激化、1894（明治27）年の春の麦作も大被害となったため、7月19日から20日にかけて、抗議の運動が起こる。

　莚旗、竹槍をもった数百人の被害農民が、（中略）惣開の住友分店へ押し寄せたのである。そのときこれを解散させようとする警官隊と衝突し、23名が逮捕された。そしてこのうち12人が10月に松山地裁から兇徒嘯聚罪の有罪判決を宣言されたのであった。足尾銅山鉱毒事件における被害民側の運動が同じ罪名で弾圧されたのは1900（明治33）年であったから、別子銅山煙害事件ではそれより6年も前だったことになる。（菅井益郎「日本資本主義の公害問題」『社会科学研究』、東京大学社会科学研究所）

第 6 節　別子鉱害事件・その 2 ——四阪島の鉱害

1. 四阪島への移転

　伊庭は 1894（明治 27）年 3 月末、足尾にいる塩野門之助に、「貴下の知識、経験を借りたい。煙害解決のために」との趣旨の手紙を書く。塩野は足尾鉱山で発電所の改善やベッセマー式転炉製銅法の開発などをやり遂げた技術者で、1853（嘉永 6）年、松江の生まれ。15 歳で藩主松平家の給費生としてパリに遊学した。そして、仏人ルイ・ラロックがコンサルタントとして別子を訪れた時に通訳をする。1874（明治 7）年、ラロックは塩野とともに別子を訪れ、1 年ほど山に滞在したのだった。塩野は再度の仏留学の後、1881（明治 14）年帰国、20 代で別子銅山の技師長となったが、広瀬と喧嘩別れした形で、当時は足尾で働いていたのである。

　伊庭の頼みを受けて塩野は 1895（明治 28）年 1 月 1 日、新居浜に着任する。半年の間、「海釣り」と称して瀬戸内の島々を調査した塩野は、1895（明治 28）年夏になって製錬所の四阪島移転を伊庭に提案、伊庭もこれを受けた。

　四阪島とは、明神島、美の島、家の島、鼠島の総称で、新居浜から五里（約 19.6 km）の沖合にあり、島は合計 85 町歩（85 ha）。伊庭個人の名義で購入、島購入の総代金は 9,373 円 70 銭だった。1896（明治 29）年に大阪鉱山監督署から建設許可が下り、1897（明治 30）年正月から本格工事となる。総工費は 170 余万円。当時、別子銅山は年収約 100 万円の時代で、170 余万円は今だと 320 億円を超える。英断だったといってよい。なお、島への移転という世界に前例のない試みについて田中正造は「住友なるもの社会の義理を知り、徳義を守れり。別子は鉱山の模範なり。（中略）住友と古河とは人品を同じにみるのは過ち」と高く評価している。

　ただ、この移転もすんなりといったわけではない。1899（明治 32）年、伊庭は大阪本店へ戻る。後任（別子鉱業所支配人）は鈴木馬左也。1901（明治 34）年の初め頃、鈴木は「四阪島への移転を 2 年延期しよう」と言い出す（1902 年・明治 35 年の竣工、移転の計画を 1904 年・明治 37 年に変更）。近づく日露戦

争にこのままでは銅を供給できないという理由だが、住民は猛反発。「また住友に騙された」と血相を変えて怒ったという。

2. 直訴の衝撃

そんな中で、1901（明治34）年12月、田中正造の直訴事件が起こり、住友を震え上がらせる。この間の事情を、木本正次『四阪島』（講談社）はこう描いている。

　——もし、その直訴が未遂であったにしても新居浜の煙害に対してなされたものであったら！

　そう考えると誰にしても身がすくんだだろう。それは単純な不名誉とか、恐縮といったことでは済まない。（中略）別子の経営者である住友吉左衛門友純の長兄徳大寺実則は、明治天皇の側近第一号といわれる侍従長、次兄は総理大臣臨時代理の西園寺公望。徳大寺家からの養子で、長兄は明治天皇の側近第一号といわれる侍従長、内大臣である。

　次兄の西園寺公望は、前年十月、山県内閣総辞職後の暫くを内閣総理大臣臨時代理を勤めたのに続いて、この年の五月にも、第四次伊藤内閣総辞職後を受けて再び総理大臣臨時代理を仰せつかっている。やがて政友会総裁となり、正式に総理大臣になる。

　その実弟の経営している鉱山が、鉱毒で民衆に激甚な被害を与えつづけているとして天皇に直訴されたら、二人の兄に立場はどうなるだろうか。

　前年の一月にすでに総理事になっていた伊庭は、恐らくその瞬間に一切の行きがかりを越えて四阪島への全面移転を再決意したのだろう。

こうして2年延期は取り止めとなる。1904（明治37）年8月、四阪島の焼鉱がまに火が入り、1905（明治38）年1月から四阪島製錬所は本格操業に入ったのだった。

3. 四阪島の煙害と農・鉱妥協会議

（1）ここでも煙害が

　無人島への移転で、煙害問題は一気に解決するはずだった。しかし、この目論見ははずれる。操業から 2 か月もたたない 1904（明治 37）年 12 月、愛媛県越智郡宮窪村から「麦がやられた」の苦情が出る。20 km も離れているのに煙は届いてしまったのだ。さらに、1905（明治 38）年春になると、越智郡、周桑郡一帯の村から煙害の被害の訴えと抗議が続出、やがて新居郡、宇摩郡にも被害は広がり、愛媛県東部 4 郡からの抗議となっていった。

　1906（明治 39）年には、愛媛農会の技師岡田温が「（農作物の被害の原因は）煙害の他、考えられない」との調査報告書を出す。亜硫酸ガスによる農作物の被害を学問的に究明したわが国初の論文といわれる。

（2）補償交渉

　当時の別子鉱業所の責任者は支配人が中田錦吉、副支配人が久保無二雄。久保は「日本人で最初にドストエフスキーの作品を読んだ人」（木本、前掲書）といわれ、本場のヨーロッパの自由、近代を知る人物。この 2 人が緊迫した空気の中で被害農民との交渉を行うことになる。

　1908（明治 41）年 8 月 25 日の越智郡の農民大会には 5,000 人、翌 26 日の周桑郡の農民大会にも 2,500 人が参加。農民は新居浜に向かい、緊迫の交渉となる。27 日の交渉で久保は、「被害の調査報告がまとまり次第、過去、現在、将来の公正な賠償をする」と決意表明した。住友が煙害を認め、賠償に言及した最初の発言である。そして 8 月 31 日の住友の重役会で、「稲の開花期を中心に 9 月 8 日から 15 日間、四阪島の大煙突の使用を止め、焼鉱がまの上棚から鉱煙を放散する（これなら本土に届かない）」を決める。久保の努力で農と工の激突はひとまず回避されたのだった。

　その後、代議士らの斡旋で 1909（明治 42）年 4 月 20 日から広島県尾道で、会社、住民の話し合い「尾道会議」が開かれたのだが、ここでは住友側の鈴木が面子にこだわって煙害を認めず、「奨励費で」と主張。このため、農民側は「我々は乞食ではない」と態度を硬化させ、5 月 1 日、会談は決裂した。

4．伊沢知事登場と煙害妥協会議

　内務省のエースで和歌山県知事だった伊沢多喜男が1909（明治42）年7月、愛媛県知事となる。「任期を通しての最大の事業は、別子銅山の四阪島煙害問題の解決だった」と後に述懐しているが、伊沢は着任1年後の1910（明治43）年から「農・工（鉱）妥協」に向けて調停作業に入り、同年10月24日から11月11日まで、東京の農商務大臣官邸において、第1回の「煙害妥協会議」開催を実現させる。伊沢の豪腕によって歴史的な「農・鉱の妥協」が実現するのだが、会議初日の10月24日の晩餐会の席上、大浦農商務大臣も「農鉱の併進」を強調、早期の妥協を訓示している。

　「妥協会議」に出席した被害農民代表は10人。住友側は総理事の鈴木馬左也が代表、久保・別子鉱業所長と理事の中田錦吉が副代表で、座長は知事の伊沢が務めた。交渉は難航を極めるが、11月になって解決へと向かった。

　住友側は、1908～10年の被害調査は、農商務省の調査に従うことにし、この3年分賠償額として農民側に23万9000円を支払い、また1911年以降の分として右3年分を3分して毎年7万7000円を支払うことにした。1905～07年の既往3年余の賠償は、10万円の支払いとなった。次に鉱量制限については、1カ年の処理鉱量を5,500万貫（20万6,250 t）とし、米、麦重要期間30日間は処理鉱量を1日10万貫（375 t）、最重要期間10日間は製錬作業を中止することにした。こうして農民側と住友側との交渉はようやく妥協し、第1回の煙害に関する契約は1910年11月調印された。それ以後両者の契約は、おおむね3年ごとに愛媛県知事を斡旋者として更新された。（住友別子鉱山編集委員会、前掲書）

　鉱量制限や最重要期の製錬作業の停止などが盛り込まれたことは、画期的といっていい。さらに契約書には、「将来、煙害を硫酸製造などによって亜硫酸ガスの発生を減少せしめ得た場合には、その減少のパーセントに応じて、製錬鉱量を増加するか、または賠償金額を低減することができる」とあり、企業のモチベーションを高める仕掛けとなっている。

この煙害賠償協議会（妥協会議）は、住友が四阪島に硫酸製造工場と中和工場を完成させる1939（昭和14）年までの30年間に、通算11回開催された。住友が支払った賠償金は合計848万円。現在なら100億円を超える額だが、農民側はこれを私せず、農学校、中学校、女学校など多くの公共施設を造る金にあてている。

5．なぜ、妥協できたのか

菅井は前掲論文の中で、農民側、住友側、政府当局側の3者に、次のようなそれぞれの事情があったとしている。

農民側——。

「鉱業停止」から1歩後退し、損害賠償と鉱量制限を要求した。農民側指導者が条件闘争を選ぶことになった本質的要因は、日露戦争の過程で国家イデオロギーが農村に深く浸透したことによって、政府や住友の強調する産銅業の国家的重要性を否定し得ない世論が形成されていたことではなかろうか。

政府側——。

煙害反対運動が広がり、社会不安が一層高まることを恐れたゆえに、当時最も深刻な問題になっていた四阪島製錬所の煙害問題の「解決」を目指して、農・鉱の「妥協」を図り、この種の問題については、損害賠償の支払いと一定の操業制限を義務づけることで、体制内的に処理し得るという実例を示そうとした。

住友側——。

農民の実力闘争によって、操業に支障をきたしたり、社会問題化して住友の「名誉」を汚し、信用を失ったりすることを恐れた。

6．その後の対策と教訓

住友は「ハルトマンの塔式硫酸製造法」で、煙の中の亜硫酸ガスから硫酸をつくる試みに挑戦、1913（大正2）年9月22日には別子鉱業所から独立の、総本店直轄の「住友肥料製造所」を創設している。それが1934（昭和9）年には

「住友化学工業KK」となるのである。

　さらに住友はドイツの技術「ペテルゼン式脱硫」を買う。まだ実験室段階の技術で、実用化に成功すれば世界初となる技術だが、1929（昭和4）年焼結工場、1930（昭和5）年転炉での排煙脱硫に見事、成功する。それまで煙中の亜硫酸ガスは1％ほどだったが、これを0.19％まで落とす。1,900ppm（0.19％）とは、戦後の四日市地域の「煤煙規制法」の規制（2,200ppm）を下回っている。残るは溶鉱炉。1938（昭和13）年に200万円で中和工場を完成させる。アンモニア水を降らせて亜硫酸アンモニアとして捕捉、肥料にするというもの。さらに1939（昭和14）年には増設工場が完成（100万円）、これで日本で初めて、煙害のない製錬所となった。第三者として京大教授らが効果を認め、農民側も納得した。以後、補償金が払われたことはない。後述の日立が高煙突・拡散に活路を求めたのとは対照的に、住友はあくまで本来の発生源対策である排煙脱硫にこだわり、見事、世界初の実用化をやってのけたのだった。

　最後に教訓を──。①公害は、公害そのものをなくすことによってしか解決しない②戦前にすでに、（戦後の四日市の対策を上回る）こうした発生源対策が取られていた。このふたつは忘れてならない教訓である。

第7節　小坂鉱害事件・その1──被害発生から第1回煙害補償五カ年契約締結まで

　煙害の被害農民と、鉱山労働者との「労農提携」を実現させた初のケースがこの小坂鉱害事件である。前半は被害発生の1901（明治34）年から第1回の煙害補償五カ年契約が締結される1916（大正5）年まで。後半は1924（大正13）年～1926（大正15）年で、煙害問題の再燃と「労農提携」の時期である。

　小坂については資料がかなり限られる。同和鉱業編『創業百年史』（同和鉱業株式会社）、町史編さん委員会編『小坂町史』（小坂町）、岡田有功「小坂鉱山煙害問題と反対運動」（『社会経済史学』vol.56）、加藤邦興「小坂鉱山煙害事件」（『経営研究』第31巻1号、2号、大阪市立大学商学部）などによりながら小坂鉱害の略史をみていきたい。

1. 小坂鉱山の発展と煙害発生

　小坂鉱山（秋田県）は十和田湖の南西約 15 km にあり、明治維新後、官営銀山としてドイツ人技師クルト・ネットーらによって近代化が進められた。1884（明治 17）年には藤田組に払い下げられる。藤田組は藤田伝三郎（長州出身）が 1869（明治 2）年に創業した組織に始まる。伝三郎は政商として西南戦争で巨利を得、鉱山経営に乗り出していった。

　小坂銀山は一時、古河の院内（秋田県）に次ぐ銀山として栄えたが、日清戦争（1894 年～ 1895 年）後は、資源枯渇や銀価の暴落に直面して閉山の危機にさらされた。この危機に所長になったのが久原房之助だった。彼は 1900（明治 33）年、部下とともに埋蔵量の豊富な黒鉱の自熔製錬技術を開発する。

　「黒鉱」というのは金、銀、銅、亜鉛などの硫化物が複雑、緻密に混合した黒色鉱石のこと。銅品位は 2 ％前後で、当時の一般水準の数％に比べて低いが、黒鉱自体は豊富に存在していた。これをナマのまま、そのまま熔錬するのが「自熔製錬」である。黒鉱と黄鉱（主として黄鉄鉱、黄銅鉱）の中の硫黄分、鉄分の酸化熱で熔鉱するため、燃料費が大幅に安くなるし、焼鉱の工程も省略できる。しかし当然、排煙中の亜硫酸ガスの濃度は高かった。

　久原は翌 1901（明治 34）年、この新技術（自熔製錬技術）による製錬所の大拡張に着手、それが 1902（明治 35）年 6 月から本操業となり、さらに 7 月には電錬設備も完成して、荒廃した銀山は、はつらつとした銅山として復活していった。

　その後も小坂鉱山は製錬技術の改良を行い、1906（明治 39）年には「当時世界一と称せられた長さ 18m の大溶鉱炉（7 号炉）の威容が加えられ」、さらに 1908（明治 41）年には黒鉱の露天掘りの開始、1910（明治 43）年にはベッセマー転炉が採用されるなどの技術開発と近代化が進む。こうした技術開発の結果、小坂の産銅量は急増、1902（明治 35）年に 3,051 t、1907（明治 40）年には 7,442 t（全国シェア 19.2 ％）となった。同時に鉛や銀などの副産物生産も増大した。

　日立の節で改めて触れるが、久原は「大正ロマンティズムにつながる日本男児のひとり」（古川薫）で、小坂でも労働者の夢の街を構想、「芝居小屋康楽館」の建設に尽力した。久原が去った後の 1910（明治 43）年に完成したこの劇場は、

東北一の芝居小屋として今なお、賑わいをみせている。

　さて、鉱山のこうした近代化、生産増は当然に激しい煙害ももたらす。小坂付近は日本有数の国有林地帯、秋田杉の産地だったが、日露戦争後の1907（明治40）年には、「栗瀬死、赤松被害区域は煙突を中心として……青森県に達し、杉樹の被害区域面積実に3951町（3,951 ha）」（煙害地施業計画説明書）となってしまう。国有林だけでなく、民間の山林、田畑、人体や家畜にも被害が出た。「公立大館病院取扱患者統計」によると、1895（明治28）年～1899（明治32）年の5か年平均の呼吸器病患者数は患者総数の10.8％だったが、10年後の1905（明治38）年～1909（明治42）年には20.58％に上昇している。また、煙突直下の鹿角郡七滝村では、ヨロケ馬が続出した。坂を登る時にヒイヒイ息をする。転地するとピタリと治った。もちろん、田畑も被害を受ける。鹿角郡6か町村の被害地域は、1906（明治39）年で、2,400町歩（ha）に達した。

2．被害補償交渉

　鹿角郡小坂村では、村長を中心に有志が集まって委員を選び、「当村の被害木を壱材5銭5厘で買い受けられたきこと」と決め、鉱山事務所と交渉する。鉱山側は「高すぎる」と拒否するが、結局、3銭5厘で交渉が成立した（1902年）。

　新溶鉱炉が操業を開始した1902（明治35）年になると、「鉱毒の及ぶ所其区域近村の田畑、一として此害を被らざるはなく」（秋田魁新報）という状態となり、鉱山側は枯損木を買い上げたり、農事改良の寄付金という名目で金銭を支払ったりしている。足尾や別子に比較して小坂における経営者の対応がすばやいことが注目される（例えば別子の場合、四阪島の被害発生は1904年で、久保が賠償を約束するのは1908年である）。

　1905（明治38）年以降、北秋田郡（釈迦内村、大館町、花岡村、山瀬村など）に対しても本格的に賠償金が支払われる。これはこの年、煙害が特に激化したことから、北秋田郡内の煙害反対運動が一挙に表面化したためである。同年2月、北秋田郡会は、知事と内務大臣あての「小坂鉱山煙害の件に関する意見書」を決議しているが、その内容は、①専門技師による実情調査②除害工事命令③除害設

備が無効である場合の鉱業停止──の3点を要請する、というもの。「煙害反対の農民運動が末端の自治体を巻き込み始めた」(畑明郎)といえるだろう。

県、国もやっと動き始める。1907 (明治40) 年9月、県は農務課技師を現地に派遣、綿密な調査をさせている。国も1906 (明治39) 年、農商務省山林技師2名を現地に派遣、さらに1908 (明治41) 年5月には、同省の鉱山、農務、山林の各局員からなる「総合調査班」が小坂に派遣され、加害の原因、被害の実態、除害方法、防御方法などの調査研究が行われ、8月にも繰り返されている。

その後の被害者側の運動は──。鹿角郡の小作地率が極めて高かったことを反映して、賠償金を要求する小作人の行動が顕著となり、特に1908 (明治41) 年以降は、「農民大衆による鉱山との直接交渉」を要求する運動が起こってくる。例えば──。1908 (明治41) 年8月26日、鹿角郡毛馬内町の百姓・地主231人は、仁叟寺に集結、「午前8時をもって出発、小坂事務所に至り、被害補償を厳談すること」など5項目を決議する。この決議は、被害を最もしわ寄せされる小作人が、運動を地主に事実上強制したもの、といわれる。ちなみに毛馬内町の汚染地域の小作地率は89.7％だった。そしてこの決議に従い、340人の農民が鉱山に押しかけようとしたが警察に解散させられる。それでも、こうした動きは止まらず、10月7日には鹿角郡毛馬内町の200人以上の農民が小坂鉱山事務所に押しかけて深夜まで交渉、翌8日から被害調査を行わせることに成功している。同じ7日に、鹿角郡七滝村から約100人が事務所に押しかけているし、北秋田郡釈迦内村、花岡村、大館町などにおいても、同様な行動が取られた。

3. 三カ年賠償契約、五カ年賠償契約

農民側の運動の要求は鉱業停止ではなく、除害と損害賠償要求。これに対して藤田組側はかなり低い額に抑えてきた。しかし、1908 (明治41) 年以降、農民の運動が活発化したことにより、郡長は各町村長に指示して1909 (明治42) 年4月頃から煙害賠償問題に関する協議会を開かせるとともに、鉱山側にも賠償協定を結ぶように働きかける。鉱山側は農民側の提案 (実は原案は郡長案) を拒否するが、同年、全国的な鉱毒問題の関心の高まりの中で政府が第三次鉱毒調査会を設置し、6月には大浦農商務大臣が小坂を巡視、賠償協定の締結を

促す空気が生まれて、鉱山側も協定に応ぜざるを得ない情勢となっていった。

1909（明治42）年9月13日、鹿角郡長の立会いで最初の損害賠償協定が毛馬内町および七滝村と鉱山側との間で締結される。「1908（明治41）年の賠償金額を、1909（明治42）年から1911（明治44）年に至る三カ年支払う」という三カ年契約で、やがて同様の三カ年契約が、他の町村とも結ばれていった。

この三カ年契約が切れる1911（明治44）年末から契約更改交渉が行われ、会社側は五カ年に延長することを主張、1912（明治45）年1月から各町村と第1回五カ年契約を締結した。これは明らかに農民に不利な契約で、毛馬内の小作農民たちは「小坂鉱山鉱毒除害期成同盟会」という小作民主導の組織をつくって契約条項の変更を激しく求めるが、結局、町長の脱落、鉱山側の切り崩しなどで敗北する。被害民だけの力では、会社の壁は破れなかった。

こうして、前半期では、主として農民側と鉱山側との直接交渉によりつつも、最終的には郡長の仲裁によって五カ年契約が締結され、事件処理がなされた。しかし、国有林の被害をまったくみていないこと、精神的被害が考慮されていないことなど、大きな問題も残した。

第8節　小坂鉱害事件・その2——労農提携の時代

1. 煙害問題の再燃

小坂鉱害事件の第2幕、「労農提携」はこんな光景から幕が切って落とされる。1924（大正13）年11月7日、鹿角郡小坂町の細越部落では子供から老人まで100余人が「鉱煙害賠償請求団」のムシロ旗を持ち、数十頭の牛馬まで引き連れて鉱山事務所に押し寄せた。先頭に立ったのは農民たちの要請に応えて指導にきていた日本農民組合関東同盟本部の川俣清音だった。

彼らの思い、状況とは——。今野賢三『秋田県労農運動史』（秋田県労農運動史刊行会）の中に、農民のこんな声が収められている。

　　細越部落はじめ農民たちは、この年のウンカの発生と、また、鉱山の煙毒のためとで凶作となり、五割の減収となったのであった。そこで細越部落な

どでは、これまでの賠償金額ではとても農家が生きていかれないから金額を増やしてもらいたい、と鉱山に交渉したが、鉱山のほうでは、これまでの賠償金以外は一文も出すことはできぬ。凶作は天候の害であって、鉱山の知ったことではない、とこたえた。そこで農民側の対策として、大阪の藤田組という大資本とたたかうためには、とても農民だけの力が弱いことを感じ、「日本農民組合」の応援を求めることにしたのであった（中略）鉱山が賠償金を出さないというなら、私らは食われない。「牛馬もろとも老若男女あずかってくれ」と申し込むつもりで行列をつくっていった。事務所へ皆で入り込んで、牛も馬もそこに座り込んで動くまい。さぁ、赤ん坊も年寄りもみんな養ってくれ、とこういうわけであった。

2. 農民の組織化

これより先、農民は1924（大正13）年10月頃から鉱山と交渉を行い、損害賠償金の増額を要求していたが鉱山側に相手にされなかった。このため、被害の大きい細越や小坂では、事態の打開のために全国的な組織との協力が必要と考えるようになり、日本農民組合（日農）に連絡、その指導を求めるのである。日農は1918（大正7）年の米騒動をきっかけに発展した小作争議を背景に1922（大正11）年4月、賀川豊彦らを中心に結成され、最盛期には組合員は8万人を数えた。

1924（大正13）年11月、細越の農民たちは、日農関東同盟の川俣清音、浅沼稲次郎を迎え、秋田県における最初の系統的な農民組合である日農細越支部を結成した。さらに「全日本坑夫総連合会」の可児義雄、「日本労働総同盟」の加藤勘十などの人々も駆けつける。

「全日本坑夫総連合会」は1920（大正9）年の結成で、可児本人も足尾の坑夫だった。「日本労働総同盟」は1912（大正元）年8月に創立された「友愛会」が1919（大正8）年に「大日本労働総同盟友愛会」となり、1921（大正10）年10月の大会でこの名前となった。戦前の代表的な労働組合のナショナル・センターである。加藤勘十は戦前、八幡製鉄の争議を指導、「カトカン」の愛称で親しまれた。夫人は加藤シズエで、戦後はおしどり代議士となった。

3. 労農提携

このように、黎明期の日本の労働運動、農民運動が小坂を舞台に、激しい運動を繰り広げることになる。被害農民側は、「強き団結の力を借りて」、鉱山側と交渉することが可能になった。

後半期の被害民側の要求は、それまでに小坂鉱山側が行ってきた損害賠償の不十分さを衝くという形で提出される（菅井益郎「日本資本主義の公害問題」『社会科学研究』、東京大学社会科学研究所）。即ち──。第1に、五年契約の問題点。5年もの長期契約では、損害額の算定基準となる穀物価格が上がれば、農民は大きく損をする。第2に、小坂には日立のような独自調査機関がなく、被害調査をしていない。第3に、馬の被害、農具の被害などが対象になっていなかった。そうした3点を衝く形で、要求、交渉が行われた。

細越部落は、臨時賠償金として合計20万円を要求するが、鉱山側は小坂全体、10部落で3万円と回答した。交渉は難航、1924（大正13）年12月3日には、被害農民が一時、警察に留置されるという事態も起こる。

そうした中で被害民側は、1924（大正13）年12月25日、鏡得寺で演説会を開き、そこで弁士の一人、可児義雄が「目的を貫徹するためには同じく資本家に苦しめられている鉱山労働者との連帯を」と演説すると、「寺も割れんばかりの拍手が起こった」という。小坂の後半期の運動の特徴、「労農提携」の最初の提起だった。

しかし、賠償問題は解決されないまま、1924（大正13）年が暮れ、細越部落だけでなく、各部落の被害民が連日、鉱山に押しかけるようになった。1925（大正14）年1月10日には大館劇場において日農小坂支部連合主催で演説会が開かれ、1月19日には農民組合支部の代表4人は可児義雄とともに藤田組本社で藤田組組長と交渉、その結果、本社から調査部長が実地調査のため、小坂に派遣された。

こうした本社交渉で賠償問題は「解決」に向かう。被害農民側は1925（大正14）年2月11日、各部落の組合支部を統一して「日本農民組合小坂連合会」を組織、「われわれは……卑怯かつ老獪な会社当事者の反省を促し、直接交渉の道を開き、われら被害民自体の力によって問題を解決せんとするものである」と

決議。被害民側は農民組合の力を背景に、本社派遣員と交渉し、当初の事務所発表額の約2倍の5万1,283円の回答を引き出したのだった。

1925（大正14）年12月になると、農民組合、非組合を問わず、北秋田、鹿角両郡各市町村の煙害賠償委員は、続々と鉱山に押しかけ、物価騰貴による追加賠償金支払いを要求、鉱山側は当然のごとく拒否したため、運動は活発化、過激化していった。

1926（大正15）年1月10日、鏡得寺において「日立鉱山鉱煙害視察の状況報告演説会」が開かれる。可児らが「（日立では）専門の被害調査員15名鉱山にて常置し、……われわれが見るところではほとんど被害があるかなきか解らない位の程度であるが、それでも年々4万5,000円くらい賠償しているとのことである。秋田は愚弄されているゆえ奮起せよ」と演説した。全国組織ゆえに、全国情報が入ってくるという体制ができたといえよう。

4. 提携実現

鉱山側は1926（大正15）年1月下旬、田畑、山林各1町歩（1ha）所有者に対して平均172円の臨時賠償金を支払う、と発表する。それと同時に、鉱山側が暴力団を雇ったという情報も流れた。1926（大正15）年の煙害補償交渉はそうして不穏な空気の中で進んだ。農民組合側は3月2日、鉱山側と交渉し、穀物価格の差額賠償を要求。ところが、この日、鉱山側の暴力団が川俣清音、大沢久明ら数名を殴打したため、形勢は急速に悪化、創立大会を開いたばかりの労働組合秋田県協議会や県内、県外の労働組合から鉱山への抗議が行われ、他方、農民組合への支援が相次いだ。

農民組合側の抗議行動によって1926（大正15）年3月6日、鉱山側と妥協が成立するが、8日には製錬所工作課の職工56名は賃金3割増を要求してストに突入し、事態は再び、緊迫した。スト団は「細越農民組合を拠点に農民とともに全山のストライキを」と訴えるが、鉱山側は全員解雇でこれに対抗した。

そんな中で竹槍事件が起こる。3月20日午後3時頃、街頭でビラを撒いていた農民の一隊30人と、その行列を阻もうとした鉱山側の警備員との間で乱闘となり、双方に負傷者が出た。それに怒った農民側は、太鼓、鐘などを鳴らし

て人を集め、鎌や竹槍などを携えて大挙、鉱山に押しかけた。増強された警備員との間で再びの乱闘となる直前、警察官によって制圧され、部落に帰る。「時に夜半12時であった」と記録にある。この事件で農民側は14人が逮捕、起訴された。

この「竹槍事件」で一時、農民側に不利な情勢となるが、鉱山内に全山ストライキの形勢が生まれ、争議職工ら20人が一時、製錬所を占拠する。小坂分署長による調停で、指導者13人以外は復職となるが、結局は争議団の敗北に終わった。しかし、こうした労働者の支援で賠償問題は5月22日、5万1,000円で交渉成立、煙害試験田の設置も決まった。

だが、こうして勝ち取った成果も、太平洋戦争の戦況激化につれ、いつ消えるともなく、消えていく。小坂では、発生源対策は進まず、補償に終始した。

こうした「労農提携」は、他の鉱害事件ではみられない。例えば足尾では1907（明治40）年2月、「足尾暴動」と呼ばれる大争議が起きている。軍隊が出動した大争議だったが、その時の組合要求24項目の中に、鉱毒被害民を視野に入れた要求は残念ながら1項目もない。この年6、7月、下流の谷中村は強制破壊されているのに、である。

1925（大正14）年12月25日の鏡得寺での演説会で、可児義雄はこう演説した。

　　農民がムシロ旗を立てた時には、坑夫はこれに同情罷業する態度を示せば、鉱山は左様になっては大きな損害をしなければならぬから農民の要求に応じる。坑夫がストライキをやった場合、鉱山事務所に食糧を絶たれても、農民から米味噌と居住を提供すれば、坑夫は安んじて持久戦が出来る。私はこの労農二者の提携がなるまで、この地方を一歩も動かない。（今野賢三、前掲書）

可児の墓は細越にある。彼の見事な労農提携の思想を称え、この地のメーデーは今も、可児の墓に花束を供えてから出発するという。

5．その後の小坂鉱山

小坂鉱山は1939（昭和14）年にコットレル集塵装置を完成させる。そして1945

(昭和20)年、同和鉱業に商号変更し、1993(平成5)年には閉山した。しかし、現在も外国産の銅鉱石で製錬を行っているし、黒鉱を精製した技術を生かして、リサイクル事業も展開されている。黒鉱からさまざまの不純物を取り除く、という技術の伝統がこのリサイクルで威力を発揮、パソコン、携帯電話、家電製品、自動車などさまざまの廃棄物の中から銅、亜鉛、鉛、金などを取り出しているのだが、計上利益に占めるこの環境・リサイクル部門の割合は、1997年〜1998年度の13％から、2002年度には28％まで大きく伸びているという。

第9節 日立鉱害事件・その1──世界一の高煙突

　明治期の悲惨な公害、足尾鉱毒事件を教訓に、被害住民と協調しながら世界一の大煙突を建設したのが日立鉱山だった。足尾や別子、小坂などのように大きな社会問題となる前に収拾された点が最大の特徴である。

1. 日立煙害

　日立鉱山は、茨城県の北西部、現在の日立市にある鉱山である。江戸時代にも銅鉱が採掘され、悪水被害(公害)が出ていた。日露戦争直後の1905(明治38)年、藤田組を退社した久原房之助がこの鉱山を買う。先にみたように久原は藤田組では小坂鉱山(秋田県)の所長をしており、鉱山の煙害、農民の心情などを知悉していた人物だった。

　久原が買うまでこの鉱山は、「赤沢銅山」といわれ、本格的な開発は行われていなかった。本格開発すると下流の宮田川流域を荒らしてしまう。1890(明治23)年以降、いろいろな人の手に渡るが、鉱業人たちは被害が発生した場合は補償する、と宮田川流域の農民と約束していた。久原は大橋真六という人物から鉱業権を買うが、大橋は沈殿槽、濾過装置などの資金のメドが立たず、「万策尽きて」、久原に売ったという。久原は銅山譲り受けと同時に、鉱害問題も引き受けることになるのである。

2. 本格開発

　赤沢銅山譲受登記は 1905（明治 38）年 12 月 12 日、日立鉱山開業は同年 12 月 26 日である。その後の建設、拡大は「電光石火」といえる早業だった。日鉱金属株式会社他『大煙突の記録―日立鉱山煙害対策史―』（ジャパンエナジー他）にはこうある。

　　買山後二カ月目の明治三九年二月に、第 1 竪鉱坑の開鑿（かいさく）に着手、同年九月には中里発電所の建設に着手、四〇年一月には八フィート（約 2.4 m）溶鉱炉を完成吹き入れ、翌二月にはシュラム式ダイヤモンド試錐機を使用して試錐探鉱を開始、三月には中里発電所から送電を開始している。

　　ダイヤモンド試錐機の成果は目覚しく、買山直前の鉱量は推定 100 万 t だったが、1906（明治 39）年にまず神峰鉱床、1907（明治 40）年に中盛と笹目鉱床、1910（明治 43）年に高鈴鉱床、1911（明治 44）年に赤沢鉱床、1917（大正 6）年に入四間鉱床と次々と新しい鉱床の発見が続き、1917、1918 年頃には埋蔵量は 7,000 万 t とみられるに至った。

　鉱量は十分、とあれば、次の課題は製錬所をどう近代化、大型化していくかだ。当初は本山製錬所での細々とした製錬だったが、1908（明治 41）年 3 月、本山から約 4 km 谷間に下がった名刹大雄院の跡地に製錬所を起工し、11 月 9 日に早くも第 1 号溶鉱炉の火入れを行っている。そして拡張、快進撃はさらに進む。

　　翌年（明治 42 年）1 月 4 日には 2 号溶鉱炉を吹き入れ、続いて 4 月にはコンバーターと 3 号溶鉱炉、5 月には 4 号溶鉱炉の吹き入れがあり、7 月には第 1 ポット 27 基の操業が始まる。引き続いて翌 43 年には 5、6、7 の 3 炉、翌々 45 年には 8、9 炉、大正元年 11 月には 10 号炉の吹き入れを行って、約 5 年にしてほぼ後年にみられる規模の製錬所となった。格設備の規格、仕様も近代化されており、本山時代とは比較にもならないものであった。例えば溶鉱炉の長さにしても、長辺が 40 尺（約 12 m）あり、本山時代の 5 倍の大きさである。（日鉱金属株式会社他、前掲書）

それだけではない。明治末年までに、中里第1、第2町屋、石岡第1の発電所、助川〜大雄院間の電気鉄道、本山〜大雄院間複線式架空鉄索、電解工場などが完成、あるいは着工されており、日立鉱山の骨格が整っていった。

忘れてならないのは日立が、「自熔製錬方式」を取っていたこと。硫化塊鉱を直接、溶錬し、鉱石中の硫黄と鉄の酸化反応熱を利用するため「生鉱吹き」とも呼ばれる。燃料費を節減できる一方、排煙中の硫黄酸化物も多く、公害の激化が避けられなかった。

3. 煙害発生

この間、久原は3つの経営上の困難を抱えていた（『惑星が行く―久原房之助伝』、日経BP社）。「労働者のストライキ」「資金窮乏」「技術者不足」の3つである。

久原はストライキに対しては「一山一家」主義と称する久原独特の経営家族主義で接し、資金欠乏については、明治の元勲井上馨の援助を仰いだ。技術者不足については「小坂勢」といわれる旧小坂時代の多数の技術者を日立に呼ぶことで、それぞれ解決していった。

それ以上に久原を悩ますことになったのが「煙害」だった。大雄院製錬所が操業を開始した1908（明治41）年、日立産銅は1,902t（全国シェア4.7％）だったが、年毎に増加、1910（明治43）年には4,835tで全国シェアは9.8％になっていく。さらに1914（大正3）年には1万304tとついに1万tを突破、全国シェアも14.6％に達した。

久原は小坂鉱山での経験から、煙害問題を処理せずして鉱山の発展はないということを熟知していた。そして、それまでの間、損害賠償が不可欠と考え、小坂で鉱毒、煙害問題を担当した角弥太郎を日立に引っ張ってくる。角は後に、こう述懐している。

　　日立鉱山に来る当初から、私の使命は煙害という難問題の解決にあると覚悟して居った。……煙害解決について、一番先に頭に浮かんだものは、煙害に対する損害は鉱業主が進んで賠償の責を果たさなければならぬということ。

及びそのために相当大きな被害調査機関を設置すること。(日本鉱業総務部『回顧録』、日本鉱業)

日立は足尾の古河と違い、初めから「煙害」の責任を自覚していたのである。1907（明治40）年春には、日立鉱山に隣接する久慈郡中里村大字入四間部地区（現・日立市）で、煙害による農作物被害が発生し、農民たちは煙害調査委員を選んで5月9日、鉱山側と第1回の損害賠償交渉を行う。そして鉱山側は8月、夏作（そば）の補償金として18円3銭3厘を支払っている。

しかし、被害は続き、1914（大正3）年にはピークになる。被害区域は太田町（現・常陸太田市）など4町30か村に及んだ。地形上、最もひどい被害に遭ったのが入四間部落。南北朝からの古い歴史を持つ地区だが、父祖伝来の土地を捨て、栃木県の那須野が原への移転をさえ決意しなくてはならないという瀬戸際まで追い詰められる。そこで同部落は、若い関青年、関右馬允を煙害対策委員長に選び鉱山と交渉させるという長期戦覚悟の体制を敷く。

小坂時代の経験に学び、日立が誠実に被害民に対応したのは事実だが、当初から緊張関係がなかったわけではない。後年の関の著書『日立鉱山煙害問題昔話』（神岡浪子編『資料近代日本の公害』、新人物往来社）にもこんなシーンが出てくる。

　　（日立の）武田係長が北部の某地に出張した時、氏を包囲した被害者が、口々に罵声をあびせ、「なぐれ」「叩け」と騒ぎ出した時、武田さんは、「私は課長から誠意を以って交渉するよう命令されて来たのだが、君達が私を叩いてそれで問題が解決すると思うなら叩かれましょう」と、委員長の縁側に腰をおろして自若としたので、その度胸に気を呑まれて遂に手を出せなかったという話を聞いた。

日立側が補償係を常時100人置き、煙害が出たという知らせがあればすぐ現地に飛び、精神的な先行き不安もあるだろうからと、実損より1割位多く払う、などの態度を取ったため、次第に被害民たちも日立に信頼を寄せるように

なる。水稲補償金を配分した時、ある実直な農業主が「このお金をみんなもらっていいのですか」と言ったというエピソードも残っている。

4. 操業制限も

さらに風向きの悪い時には操業制限や燃料転換も行っている。後に角はこう回想している。

　大正2年には煙害地も著しく拡大して、その解決が次第に困難になった。（中略）私は一策を思いついた。それは被害の出ない好天気の日には無制限に、成るべく多量の鉱石を溶解し、悪天候の日には、出来るだけ溶鉱量を減ずる、即ち制限溶鉱のことである。早速、（製錬担当の）青山課長に此ことを相談して見た。ところが青山課長は、色をなして、そんな馬鹿なことが出来るものか、君のような机上の空論は実行出来る筈がない。殊に他のどこの鉱山でもそんなことをやって居るところは断じてない、とのことで一言の下に断られた。（中略）或悪天候の日に（中略）青山君を伴い、神峰山の頂上に登って、親しく視察して貰った。そして、各大鉱山の煙害問題が、社会問題となって、如何に困って居るか（中略）君も鉱山の幹部として、一課のことのみにとらわれず、総体的に考えて———云々。現状を観察しながら熱心に懇談した。青山君も此時、釈然として私の提案を快く容れてくれた。私は青山君に抱きついて喜んだ。（日鉱金属株式会社他、前掲書）

5. 阿呆煙突と大煙突

補償金の支払いだけではダメだ、そして補償金も年々高くなる、ということで、日立側は煙害対策を始める。1910（明治43）年6月、煙害調査のための神峰気象観測所を設置し、1911（明治44）年5月には排煙の希釈拡散を目的とする延長1,600mの「神峰煙道（通称百足煙道）」を完成させた。長い煙突を山腹に這わせ、横腹にいくつもの穴を開けて煙の拡散を狙ったが、結果は大失敗。煙は拡散せず、入四間はじめ鉱山に近接する地域の被害は甚大で、「全戸移転」を考えるほどになる。

さらに同年6月、政府の「第二次鉱毒調査会」の濃度制限命令によって、「大口径煙突」の建設に着手、1913（大正2）年6月から使用を開始した。直径18 m、高さ36 m、下から送風機で空気を送り、強制的に煙を吹き上げようとするがこれまた大失敗だった。重い亜硫酸ガスがすっぽりと事務所を覆い、職員たちが逃げ回るハメとなったのである。この煙突は後に、「阿呆煙突」「命令煙突」と呼ばれた。

久原はカンカンに怒り、「政府に頼らず、自力でやろう」と決断、鏑木の強い提案でまず、12の気象観測所がつくられた。そして高層には海に向けて安定した風が吹いていることが突き止められる。そこで久原は「高煙突」を着想する。「上層気流に放出して、どこかへ持っていってもらうより方法がない。硫酸を吹き出すような火山が、自然のように自らを高くして煙突みたいにして1万何千尺としてはじめて無害となる。それを自然が教えている」と久原は後年、ある座談会で語っている。

大煙突は製錬所の裏山の標高約300 mのところに156 mの高さで建てられることになった。海抜では450 m〜500 mとなる。

世界一の大煙突を建てようとするに当たっての、当時の人々の意気込みがほほえましい。

煙突の設計者は当時まだ30歳の宮長平作。後に宮長はこう回想している。

　　当初は高さ500呎（フィート）の計画であったが、そのころ世界最高の煙突は米国モンタナ州のグレート・フォールスの精錬所に1908年に出来上がった506呎の高さで頂点口径50呎という巨大なものである。敢えて世界最高の名にあこがれる必要もないが、どうせ500呎まで建て上がり、今少しのことで世界一になるものならばというのでアメリカよりも5呎だけ高くして511呎としたのであり、それで世界最高となるのである。（日本鉱業総務部、前掲書）

「どうせなら世界一を」という久原の一声があったのでは、と想像されるが、明治、大正の日本人のある種の心意気が感じられる。

さて、この大煙突は1914（大正3）年3月に着工、12月に竣工し、翌1915

（大正 4）年 3 月に使用が開始された。総工費は 15 万円。今なら 15 億円相当で、日本における高煙突拡散方式の最初の試みだった。

　大煙突建設には、延べ男女 3 万 6,840 人が動員された。 1 日の日当が 45 銭。相場が 18 銭から 20 銭、米 1 升が 18 銭の時代だったから、この高日当は人気を呼び、秋田、山形、岩手などからも人が集まったという。足場の丸太も 13 万 1,650 本に達した。日本人の技術だけで、当時まだ珍しかった鉄筋コンクリートで造り上げた点も誇ってよかろう。

　1915（大正 4）年 3 月 1 日、大煙突の使用開始──。その喜びを角は「手の舞ひ足の踏むところを知らぬ喜びであつた」と書いている（日鉱金属株式会社他、前掲書）。

6. 大煙突の効果

　建設費は前述のように 15 万円。しかし、1914（大正 3）年度の補償費はすでに 24 万円で、企業側にとっても賢明な選択だったといえる。

　煙害被害は解決しただろうか。大煙突ができてから約 7 か月後の 1915（大正 4）年 9 月から、多賀郡煙害調査会が煙の襲来調査を行っている。報告書にはこうある。

　　（大煙突の）排煙開始以後ハ地上ニ接地スルコト少ナク、吐煙ハ常ニ帯状ヲナシテ高ク空中ヲ風ニ吹送セラレ、遂ニ消散セラルルニ至ル。

　大煙突で、煙害の約 8 割は解決したとみられる。日立側の支払いも 1914（大正 3）年度の 24 万円をピークとして下がり、1932（昭和 7）年度頃には約 4 万円まで減少した。

　大煙突建設を機に日立は大きく伸びる。1917（大正 6）年の産銅量は 1 万 3,500 t で、全国シェアは 12.5 ％。足尾（ 1 万 7,387 t）とほぼ、肩を並べた。

7. その後の日立

　大煙突と併せ、溶鉱炉の改善や硫酸工場の新設などによる排煙の脱硫化も図

られる。1951（昭和26）年、亜硫酸ガスから硫酸をつくる工場ができて、煙害はほぼ完全解決した。

一方、山林の回復も図られる。関が1920（大正9）年、鉱山側に苗木を無償交付してもらいたいと申し出、鉱山側はこれを受けた。1922（大正11）年春から交付、1936（昭和11）年までに17万本を配った。40町歩（40 ha）の美林がこれで造成された。日立自身も植樹に力を入れ、1913（大正2）年から1924（大正13）年に至る12年間に、200万本を植え、650余haの山林を回復させている。

大煙突のその後は——。日立鉱山は1981（昭和56）年に閉山となったが、大煙突はその後も町のシンボルとしてそびえていた。しかし、1993（平成5）年2月19日午前9時03分、強風のため上部が倒壊、今は下3分の1しか残っていない。

第10節　日立鉱害事件・その2——関わった人々

日立鉱害事件では、被害者側、企業側の双方に、個性豊かな、そして人間味溢れる人物が登場、がっぷりと四つに取り組んで、足尾とはまったく違う「平和解決」を実現させた。彼らの努力にスポットを当ててみたい。

1. 関右馬允

地形の関係で最もひどく日立の煙害を受けたのが久慈郡中里村大字入四間部地区だが、同地区のリーダーとなったのが関である。先にみたように明治末から大正初めにかけ同地区は、「集団移住を考えなくてはならないか」といった瀬戸際まで追い詰められる。そのとき、地元は23歳の青年関右馬允を煙害対策委員長に選ぶのである。関はこの地方の旧家の後継ぎ（養子）で、家は山林、土地などを所有するかなりの地主だった。彼は当時、水戸から20 km北の常陸太田の中学に通っていた。秀才で気力も強く、外交官になるつもりで一高に願書を出していたのだが、それを村人がよってたかって、「お前が煙害委員長になれ」と説得する。村存亡の危機、ということで遂に彼を説き伏せることに成功

する。1911（明治44）年、関が23歳の時のことである。村人にはこの煙害闘争が長期化する、そして学問のある若者でないと日立側と対等に渡り合えない——との思いがあったに違いない。

　この関青年の発想が面白い。足尾のような対立でなく、鉱山との共存ができないかと考える。そして双方が納得のいく交渉をするためには科学的根拠が必要だとして、自腹で140円のカメラを買う（今なら140万円か）。それを担いで被害状況を撮影、交渉の資料とした。関は後に「被害の実情は被害者が一番よく知っている。それを他人にみてもらうからこじれる」と語っている。

　関のこうした発想をもとに被害町村に被害調査のための大がかりな自衛組織が結成された。各町村（三郡）に煙害調査会が結成され、1町村に数十人の調査員を配して、毎日2回、気象観測し、「煙害襲来調査表」を作成する体制をつくった。さらに関は、将来の不測の事態に備えるため、補償金の1割を強制積み立てすることを提案、実現させている。「科学的根拠の重視」と、並々ならぬ「長期戦の構え」がここからもうかがえる。また旧家の後継ぎである関には、闘争に専念できる経済的余裕があったことも大きかった。関は60歳までこの運動に全情熱を捧げる。関が1963（昭和38）年に私家版として、関天州の筆名で著した『日立鉱山煙害問題昔話』は、戦前の日本公害史のかけがえのない史料のひとつとなっている。

2．久原房之助

　鉱業主、久原房之助とはいかなる人物か。直木賞作家古川薫が近著『惑星が行く―久原房之助伝』（日経BP社）で、波乱万丈の人生を歩いた久原を活写している。主に同書によりながら、久原の生涯をたどりたい。

　1869（明治2）年6月4日、父庄三郎、母文子の四男として長州・萩城下に生まれる。1874（明治7）年、家族を萩に残して大阪に出ていた父庄三郎が、藤田伝三郎とともに藤田組を創設。西南戦争で政府から軍靴の大量注文を受け、藤田組は大儲けする。

　房之助は1880（明治13）年、一橋大学の前身の「商法講習所」で学び、さらに1886（明治19）年〜1889（明治22）年は慶応義塾で、福沢諭吉の薫陶を受けた。

国際貿易の仕事が夢で、1890（明治23）年には森村組に入社、ニューヨーク駐在となるはずのところを一族に呼び戻されて藤田組に入社した。1891（明治24）年には小坂鉱山に赴任、1898（明治31）年、部下とともに画期的な黒鉱乾式製錬を開始する。また、「ヤマの街に働くものの理想郷を」と小坂町内に水道、電気を引き、鉱山病院や劇場「康楽館」を町民に開放する計画を立てるが、劇場完成の前に房之助は藤田組を去っている（1905年）。一族の複雑な対立が背景にあったといわれる。

1905（明治38）年12月、日立鉱山を開業させ、日本屈指の銅山に仕上げ、世界一の高煙突を建設したことについてはすでに触れた。

その後も波乱の人生は続く。大煙突完成後も、次々と全国の鉱山を開発し、「鉱山王」と呼ばれた。1916（大正5）年には「三民主義」を説く中国の孫文に共鳴、資金援助を行った。房之助が孫文に渡した援助額は、久原家に現存する領収証だけでも合計240万円に上っている（古川、前掲書）。

首相である田中義一とも近かった。久原は1927（昭和2）年、帝国政府特派経済調査委員として、シベリア鉄道でソ連、ヨーロッパを訪問した。11月、スターリンとの会談を実現させ、田中義一首相の親書を手渡している。1928（昭和3）年、立憲政友会に入党、同年、山口県第一区から衆議院選に立候補して当選を果たす。早くも同年5月には逓信大臣に就任、1931（昭和6）年には立憲政友会幹事長になった。

「黒幕のにおい」も久原には付きまとう。1936（昭和11）年4月には「2・26事件」に関連して東京憲兵隊に勾留され、陸軍刑務所に収監もされた。

戦後は1952（昭和27）年の衆院選で当選、日中、日ソ国交回復運動などで活躍し、毛沢東、周恩来、ミコヤン（ソ連第一副首相）らと会談、親交も結んだが、1965（昭和40）年1月29日、死去した。享年97。

『惑星が行く』の中で古川は、こう書く。

　　久原房之助はまた、大正ロマンティシズムにつながるひとりの日本男児であった。空想家であり、理想家であり、夢を追う青年の魂を持ちつづけた。たまたま鉱山のオーナーになって、巨万の富を握ったが、蓄財せず、手にした

大金を夢のおもむくままに、惜しげもなく遣い果たしてしまった。

そんな久原には「世界一の高煙突」がこの上なく似合う。

3. 角と鏑木

　久原が小坂から日立に連れてきた部下、あるいは久原を慕ってやって来た人々は「小坂勢」といわれ、彼らが実際の煙害交渉の第一線に立った。その代表格が角弥太郎である。
　1870（明治3）年、広島に生まれる。二松学舎、和仏法律学校（後の法政大学）を卒業し、小坂鉱山を経て、1907（明治40）年日立に移り、庶務課長となる。後に4代目の所長にもなった。陽明学に傾倒し、人格の陶冶に努めた人物である。角はこう回想している。

　　日立鉱山に来る当初から、私の使命は煙害という難問題の解決にあると覚悟して居ったのである。来た当初は、起業の事務に明けくれ、昼夜兼行で寸暇もなく過ぎた。（明治）41年10月に製錬が始められてから、次第に製錬鉱量も多くなり、隣村地内にポツポツ被害が見えるようになった。煙害問題について、一番先に頭に浮かんだものは、煙害に対する損害は鉱業主が進んで、賠償の責を果さなければならぬと云うこと。（日本鉱業総務部、前掲書）

　小坂勢ではないが、角の下で係長として実際の交渉に当たった鏑木徳二の存在も極めて大きかった。1883（明治16）年、金沢生まれ。東京帝大で林学を学んだ大秀才で、兄弟が多かったため家に仕送りする必要があり、山林学会の雑誌に原稿を書いて、その原稿料を仕送りにあてたという。大学に残れば教授間違いなしといわれた鏑木を、久原が強引に日立に呼ぶ。1909（明治42）年に日立に着任した鏑木は、さっそく鉱山周辺地域の山林の被害状況の調査を行う。それとともに、耐煙性樹種の調査にも取り組んだ。外国の文献も鏑木が翻訳、それを手がかりにして日立の煙害対策が進んだ。角―鏑木を軸に、日立は100人を超す人間を煙害関係の職員・要員とした、というからすごい。

大煙突についても鏑木は、「ハッキリした根拠もなく、ただ高い煙突を建てることは、良心が許さない」として、神峰山山頂に観測所をつくることを強く進言、久原がこれを認めた。当時の神戸の海洋気象台長の藤原咲平の指導を受けながら調査を行い、さらに所沢の陸軍の気球隊で学んだあと、神峰山山上から気球を揚げ、遂に「高層には安定した海への風が吹いている」という事実を突き止めるのである。日本最初の高層気流の観測だった。

関は後に鏑木について「煙害問題では対立した位置にあるが、氏の博学と人格に対して、先生と呼びたい」と書いている。

鏑木はその後、日立を退社、ドイツに留学して1919（大正8）年、林学博士の学位を得ている。林学博士は当時は10指にも満たなかったという。さらにその後、宇都宮高等農林教授、朝鮮林業試験場長などを経て、終戦後は郷里石川の七尾高校校長も務めた。

最後に「日立」についてまとめておこう。

なぜ、足尾の二の舞いを避け得たのか——。

次のようなことがいえよう。

①相互信頼と共存共栄の思想、経営者の決断。できのいい野菜を鉱山社宅に売るなどの関係ができた。ここも足尾と大きく違う。

②科学的調査、手法を重視した。被害各町村に煙害調査会がつくられ、各市町村が数十人の調査員を置いた。毎日2回、気象観測し、「煙害来襲調査票」も作成している。それをもとにしての交渉だった。

③金銭補償だけでなく、発生源対策重視の思想があった。

④被害者側の本腰の運動。煙害事件の真の解決、山の回復までには35年ほどかかったが、関は60歳近くまで委員長を務めた。

⑤そして何よりも、反面教師としての足尾鉱毒事件の存在。

⑥歴史学者の大江志乃夫が興味深い指摘をしている。久慈郡特産の水府煙草は、日立鉱山近くの1町23か村で耕作されていた。耕作面積1,408ha、耕作数は6,103人で、農家の貴重な現金収入源だったが、これが煙害に弱い。一方、日露戦争後の日本の財政を大きく支えたのが専売益金で、地租、関税よ

り上だった。その専売収入の 4 分の 3 が煙草から。そして茨城県は 1913（大正 2）年の場合、全国の煙草生産量の 15％を占めていた。水府煙草生産協同組合が煙害問題で動き始めたため、行政も財源の煙草擁護に回らざるを得ず、久原も大煙突建設という「英断」をした——という見方をしている。戦前、農業が健全かつ厳然と存在していたことが、鉱業（工業）サイドに対策を取らせた、といえよう。

参考文献

神岡浪子編『資料近代日本の公害』新人物往来社、1971 年。
菅井益郎「日本資本主義の公害問題（一）、（二）——四大銅山鉱毒・煙害事件」『社会科学研究』第 30 巻、第 4 号、第 6 号、東京大学社会科学研究所、1979 年。
神岡浪子『日本の公害史』世界書院、1987 年。
武田晴人『日本産銅業史』東京大学出版会、1987 年。
畑明郎『金属産業の技術と公害』アグネ技術センター、1997 年。
（以上・鉱害問題全体）

荒畑寒村『谷中村滅亡史』新泉社、1970 年。
内水護編『資料足尾鉱毒事件』亜紀書房、1971 年。
田中正造全集編纂会『田中正造全集　全 20 巻』岩波書店、1977〜80 年。
東海林吉郎、菅井益郎『通史足尾鉱毒事件 # 1877—1984』新曜社、1984 年。
五日会編『古河市兵衛翁伝』大空社、1998 年。
（以上・足尾鉱害関係）

一色耕平編著『愛媛県東予煙害史』周桑郡煙害調査会、1926 年。
木本正次『四阪島（上）、（下）』講談社、1971〜72 年。
住友別子鉱山史編集委員会編『住友別子鉱山史（上）、（下）』住友金属鉱山株式会社、1991 年。
（以上・別子鉱害関係）

町史編さん委員会編『小坂町史』小坂町、1975 年。
加藤邦興「小坂鉱山煙害事件（上）、（下）」『経営研究』31 巻 1 号、同 2 号、大阪市立大学商学部、1980 年。
同和鉱業編『創業百年史』同和鉱業株式会社、1985 年。
（以上・小坂鉱害関係）

鉱山の歴史を記録する会編『鉱山と市民』日立市役所、1988年。
米本二郎『伝記　久原房之助翁を語る』株式会社リーブル、1991年。
日鉱金属株式会社他『大煙突の記録―日立鉱山煙害対策史―』ジャパンエナジー他、1994年。
古川薫『惑星が行く―久原房之助伝』日経BP社、2004年。
（以上・日立鉱害関係）

第 6 章

戦後の公害

　本章では水俣病と四日市公害を取り上げる。戦後の公害だが、戦前にあった前兆や会社の悪しき体質などを放置、戦後に大きな公害になってしまった例も多い。その典型が水俣病で、史上最悪の工場廃水公害である。一方、四日市公害は、日本の高度経済成長の真っただ中で生まれた公害で、「戦後日本の公害の原点」といわれる。

第 1 節　水俣病

1．チッソ誕生
（1）村挙げての誘致
　1906（明治39）年、東大の電気工学を出た野口遵が、鹿児島県の大口村に小さな発電所（曽木電気）を建てた。近くにある大口金山、牛尾金山に電気を送るのが目的であった。
　1908（明治41）年になると、この電気が余り出す。そこで野口は同年 8 月、資本金100万円で「日本窒素肥料株式会社（日窒）」を誕生させる。電気を出発点にカーバイド（炭化カルシウム＝CaC_2をつくる電気化学工業で、この会社こそがチッソの前身である。
　野口は当初はこの工場を、水俣より 4 里（15.7km）ほど南の鹿児島県出水市のあたりに建てようと考えた。それを聞き知った水俣の有力者たちは、野口の旅館を訪れて談判、「4 里分の電柱と電線を自分たちが負担する。港も自分たちで造る」と申し出る。製塩が盛んだった水俣は、明治に入り、製塩事業が自由化されたためすっかり寂れ、 1 万人そこそこの街に失業者が溢れた。「何と

してもわが街へ工場を」と有力者たちは必死に野口を説得、誘致に成功したのだった。

日窒がつくるカーバイドは、初期は漁業用のアセチレンランプに使われた。これでは量は知れているため、1909（明治42）年には肥料原料の石灰窒素の製造を始める。しかしこれもまた売れなかったため、今度は石灰窒素に水蒸気をかけてアンモニアにし、硫酸に吸わせて硫安［$(NH_4)_2SO_4$］にする事業を始める。当時としてはモダンな肥料だったのだが、いやな臭いがして売れなかったという。

1912（明治45）年になると、鉄道院が電気鉄道を敷くために水力発電所をそっくり買い上げる。しかしその後、鉄道院の計画はうまくいかず、1915（大正4）年に再び野口が、工場を買い戻してセメント生産を始める。（第一次）世界大戦景気で、セメントは売れに売れた。

（2）アンモニア、アセトアルデヒド、塩ビづくり

この成功をもとに野口は、空気中の窒素と、水を分解してつくった水素からアンモニアをつくる方法に切り替えていく。さらに1932（昭和7）年には、カーバイドを原料に、ここから出てくるアセチレン（C_2H_2）を、水銀触媒を使ってアセトアルデヒド（CH_3CHO）に変え、そのアセトアルデヒドを酸化して工業上極めて重要な原料である酢酸（CH_3COOH）をつくる事業を始める。注目すべきは、ここで水俣病の原因の水銀が、触媒として登場することである。

さらにチッソは、1941（昭和16）年11月3日には水俣工場で、日本で最初の塩化ビニール生産を開始する。極めて使い勝手のいい塩化ビニールは、アセチレンと塩酸からつくられるのだが、その触媒が水銀である。

（3）早かった戦後の復興

そして敗戦。一時、GHQ（連合国総司令部）によって製造禁止とされるが、チッソは1949（昭和24）年には戦後一番早く、塩化ビニール樹脂の生産を再開した。戦後のヒットはDOP（ジオクチルフタレート）という可塑剤で、塩化ビニール樹脂などをつくるのに絶対に必要な材料。これも日本で最初にチッソがつくり、DOP独占を1960（昭和35）年頃まで続けるのである。

そうしたヒット商品を連発しながらチッソは肥大、水俣も大きくなっていった。1956（昭和31）年にはチッソのアセトアルデヒド生産は月産1,200 tとなり、

水俣の人口も5万人を突破。市収入の半分がチッソ関係という「チッソの城下町」となっていったのである。また、会社名も、日窒が1950（昭和25）年1月に「新日本窒素肥料株式会社（新日窒）」と名称変更、さらに1965（昭和40）年1月には「チッソ株式会社（略称・チッソ）」と社名変更している。

創業者の野口は、戦前には軍部と結びながら朝鮮半島、満州（中国東北部）で、発電、化学コンビナートなど積極的に事業展開しており、そこでの植民地の人々への人権無視の体質が、後に水俣病を生む遠因となったとの指摘もある。

2. 水俣病の発生と原因究明

（1）史上最悪の公害事件

水俣病がいつ始まったかは、実はよく分からない。1953（昭和28）年頃には猫の狂い死が報告されている。公式発見は1956（昭和31）年5月1日。4月末、チッソの水俣工場付属病院に、水俣市月の浦、船大工田中義光の5歳11月の3女、2歳11月の4女が運び込まれる。手足の運動障害、狂躁状態などを呈しており、2人を診断した付属病院院長細川一が水俣保健所に「原因不明の中枢神経疾患が発生している」と届け出た（5月1日）。この日が、公式発見の日とされ、〈人類の歴史上初めての、最大にして最悪の工場廃水による環境汚染事件〉となっていくのである。

（2）熊大が水銀説

直ちに水俣保健所、水俣市医師会、チッソ付属病院などをメンバーに、「水俣市奇病対策委員会」が結成され、世界で初めての「奇病」への取り組みが始まる。カルテ調査などから30人の患者が確認され、第1号が1954（昭和29）年に発生していたことも判明した（後に1953年と判明）。

熊本大学は医学部を中心に総力を挙げて原因を究明する。マンガン、セレン、銅、鉛――。水俣湾に堆積する疑わしい物質を一つひとつつぶしながら、1959（昭和34）年7月22日には「水俣病は水俣湾産の魚介類を食べることによって起こる神経系の疾患である。毒物としては水銀が極めて注目されるに至った」との有機水銀説を打ち出す。しかし、チッソは「実証性のない推論」と強く否定。また、日本化学工業協会は1959（昭和34）年9月28日、有機水銀説を否

定して「爆薬説」を、翌年4月12日には東工大教授清浦雷作が「アミン中毒説」を唱えてチッソを支援、原因究明を遅らせた。

　1959（昭和34）年11月12日、厚生省食品衛生調査会水俣食中毒特別部会は、熊本大学の調査結果を認める形で、「水俣病は水俣湾及びその周辺に棲息する魚介類を多量に摂取することによって起こる、主として中枢神経系統の障害される中毒性疾患であり、その主因をなすものはある種の有機水銀化合物である」と結論、厚生大臣に答申した。そして、翌日、同部会は解散している。

（3）猫400号実験

　これより先、チッソ付属病院長細川一（1901年〜1970年）は、1959（昭和34）年10月6日、アセトアルデヒド酢酸工場の廃水によって、猫に水俣病を発症させることに成功する。細川は「私は会社の人間である前に、医者。原因究明に力を尽くすことが私の天命」として会社の反対を押し切って実験を継続した。「猫400号実験」と呼ばれるこの実験の結果は、工場側によって封印され、外部に発表されることはなかったが、細川は1970（昭和45）年の熊本地裁の水俣病訴訟の臨床尋問に対し、「猫400号」の実験結果を会社側に報告したことをはっきりと証言、当時のメモも提出して訴訟が患者側に有利に働くきっかけをつくり、その3か月後に他界した（川名英之『ドキュメント　日本の公害　第1巻』、緑風出版）。

　細川は若い医師にも慕われる篤実な人物で、水俣病患者診療の支えとなった。細川は東大の医学部時代に、宇和島中学時代の同級生でもある松本慎一という人物と親しく付き合う。松本は後にゾルゲ事件に連座する共産党員だが、細川は彼の地下活動を助けてもいる。その学生時代、細川は非常に貧しく、大学に残りたかったが断念、朝鮮チッソの山奥の診療所長となったという。学生時代は文学に惹かれて文学書を読みふけり、さらに戦争にも引っ張り出されたため医学の勉強はあまりできなかったという。朝鮮チッソ時代に医学を学び直そうと決意、ドイツ語の医学書を朝鮮に送ってもらい、「一人前の医者になる勉強」をしたという。戦後、水俣に引き揚げてきて、水俣一帯の風土病の研究、そのため「原因不明の」、しかし重大な病気が発生していることにいち早く気づくことができたのである。

（4）ついにメカニズム解明

　熊本大学の原因究明はさらに続く。工場の廃水やスラッジ（汚泥）を手に入れて分析、アセトアルデヒド製造工程のスラッジから、無機水銀の他にメチル水銀、およびその化合物を検出、1962（昭和37）年8月、「水俣工場の酢酸製造設備の水銀スラッジから、水俣病の原因物質と考えられる有機水銀を抽出した」と発表する。加えて水俣湾のアサリから分離、結晶化した塩化メチル水銀と、工場のスラッジから検出したメチル水銀とが同じものであることも突き止めた。こうしてアセトアルデヒド生産の際、触媒として使う無機水銀が、工場装置の中でメチル水銀に変わり、それが水俣湾に放流されて魚介類を汚染、水俣病を発生させるという一連のメカニズムが立証されたのである。

3. 遅れる対策

（1）補償交渉

　水俣病の発生以来、不知火海で獲れる魚は売れなくなる。不知火海の漁民は対策を取らないチッソにデモをかけ、機動隊と衝突した（1959年8月、10月）。逮捕者まで出す運動、交渉にもかかわらず、水俣漁協は1億円の漁業補償要求に対して3,500万円、県漁協は22億円の要求に対して1億円の会社回答で妥結を余儀なくされるのである（1959年）。

　「水俣病患者家族互助会」も、1人300万円の補償を求めて、寒風の中、チッソの正面で座り込みを行う。知事の斡旋で1959（昭和34）年12月、見舞金契約が結ばれた。「死者30万円、成人年金10万円、未成年3万円で、将来、水俣病が工場廃水に起因することが決定した場合においても、新たな補償金の要求は一切行わないものとする」との屈辱的、非人間的な契約を、患者らは涙を呑んで受け入れたのだった。

（2）水俣河口放出と被害拡大

　1958（昭和33）年9月、対策とは反対の汚染の拡大策が取られる。チッソは、問題のアセトアルデヒド工程の廃水を八幡プール経由で水俣川河口に放出、廃水は潮に乗って不知火海全域へ拡散した。翌年、通産省の指導で排出口を元の百間港に戻すが、当時はアセトアルデヒド生産のピーク時で、不知火海沿岸

一帯に患者が広がってしまった。

　チッソが水銀対策（閉鎖循環式廃水システム）を取るのは1966（昭和41）年6月で、費用は約4億円。新潟に「第二水俣病」が出た後である。そして水銀流出が完全に止まるのは、1968（昭和43）年5月18日、アセトアルデヒド工程が中止になってからで、ここには「人命尊重」の気配は微塵も感じられない。
（3）なぜ、垂れ流しがまかり通ったか

　最首悟はこう分析している。（『出月私記―浜元二徳語り』、新曜社）

①1960（昭和35）年は、日本が所得倍増計画を打ち出し、安保条約の傘の下でエレクトロニクスとプラスチックの時代への移行を始めた年。精密工業立国をはかり、国際市場に乗り出すというマスタープランがはっきりした年である。②アセトアルデヒドはプラスチックの原料。チッソはその製造の最大手ではなかったが、プラスチックの可塑剤の独占的シェアを誇っていた。チッソは日本のマスタープランを実現する基幹企業であり、アセトアルデヒド製造は資本主義国日本の死活にかかわる事柄だった。

4. やっと公害病と認定
（1）政府認定まで9年の歳月

　国の対応も大幅に遅れ、1968（昭和43）年9月26日、厚相園田直が、「熊本水俣病はチッソ水俣工場のアセトアルデヒド酢酸設備内で生成されたメチル水銀化合物が原因である」との正式見解を示し、やっと公害病と認定した。患者正式発見から12年、原因が明らかになってからでも9年。「原因が突き止められた時点でチッソが操業を停止、行政が漁獲禁止措置を取っていたら患者の発生は最低限に防げたはず」（原田正純）なのに、患者は結局、認定約2,300人、申請は約2万人に達した。実際の患者数は10万人オーダーでは、といわれる。
（2）訴訟へ

　1969（昭和44）年6月14日、水俣病患者28世帯112人がチッソを相手取って熊本地裁に、総額6億4,239万円の損害賠償の訴えを起こした（1次訴訟）。1973（昭和48）年3月20日、原告全面勝利の判決が下ったが、患者たちから

は「死んだつは戻らん」「子ば返せ、体を返せ」との声があがっていた。

5. 教訓

　垂れ流しの代償がいかに高くつくか。チッソは最悪の選択をしたという他ない。1966（昭和41）年の完全循環式装置は約4億円。対して1989（平成元）年度で、被害額は健康被害（医療費など）76億7,100万円、ヘドロ浚渫および埋め立て42億7,100万円、漁業補償6億8,900万円。早い時点で完全循環装置を入れておれば、いずれも不要だった費用である。「発生源対策をより早く、より完全に」が最大の教訓である。

6. 政治解決と関西訴訟最高裁判決

（1）政治解決

　1995（平成7）年8月11日、環境庁が一時金は一律とする未認定患者に対する最終解決案の素案をまとめる。9月28日、一時金一律260万円に、団体加算を上乗せするという「水俣病未認定患者救済の政府、与党の最終解決案」決定し、患者団体も受け入れを決める。そして同年12月15日の閣議で、未認定患者を救済する「政府最終解決策」が決定された。これに併せ村山首相が、首相談話で初めて「遺憾の意」を表明した。

　1996（平成8）年5月19日、「水俣病被害者・弁護団全国連絡会議」が「紛争終結・一時金支払いのための協定」に調印、関西訴訟派を除き、「政治決着」がついた。

　同年5月21日、チッソは「平成8年3月期決算」を発表する。水俣病解決の一時金など175億円の特別損失を計上したため最終損益では144億円の赤字、累積赤字は1,686億円に達した。「環境無視、時間稼ぎがいかに高くつくか」の典型例である。また、熊本県はチッソ支援のために1978（昭和53）年から県債を発行、当初は3年の予定だったが延々と更新、2000（平成12）年まで続けた。チッソの公的債務は約1,442億円に達した。

（2）水俣病関西訴訟

　熊本、鹿児島両県の不知火海沿岸から関西に移り住んだ水俣病の未認定患者45人（うち15人死亡）が、国と熊本県に損害賠償を求めていた「水俣病関西訴訟」の上告審判決が2004（平成16）年10月15日にあり、最高裁は「被害は深刻。国が規制をしていればその拡大を防ぐことができた」などとして国、県の責任を認め、総額7,150万円の賠償を命じた。行政の責任がやっと司法によって確定したのである。

　判決は、①国が1960（昭和35）年1月以降に水質二法（水質保全法、工場排水規正法）による規制をしなかったことは、著しく合理性を欠き違法②県が漁業調整規則による規制をしなかったことを違法とした二審の判断は是認できる——とした。ここにチッソのみならず国、県の人命軽視の消極行政が裁かれ、その責任が確定したが、実に水俣病の公式発見から48年余の歳月を要している。

　関西以外の患者グループは1996（平成8）年、政府の「最終解決案」を呑んだが、関西グループだけはそれを拒否して、最高裁で争っていた。

7．謎を解く

　水俣病をめぐっては「なぜ、チッソだけが」という声がささやかれ続けていた。主にチッソ側が責任逃れとして言い募ったものではあるのだが、①水俣病患者が多発する1958（昭和33）年当時、全国でアセトアルデヒドを製造している工場は6社7工場あったのに、なぜその他の工場では水俣病患者は発生しなかったのか（もっとも1965年には新潟第二水俣病が公式確認される）②チッソでは1932（昭和7）年からアセトアルデヒドを製造しているのに、「なぜ1954（昭和29）年に至って突然に」患者が発生するのか——は、確かに「謎」ではあった。この謎を見事に解明したのが西村肇、岡本達明『水俣病の科学』（日本評論社）である。2001年6月に発刊された同書の中で、2人は第1の謎、他工場でなぜ発病がなかったか（あるいは発見されなかったのか）について、次のような慎重に述べている。

　　水俣と鹿瀬（新潟）で水俣病が起きたのですから、残りの五工場はどうか

という疑問が起きます。大きな問題が起きなかった原因として、二つの解釈が可能です。工場側の原因は同程度であったのに、それを受ける地域の特性すなわち立地条件の違いによるという解釈と、工場側の原因に圧倒的な違いがあったという解釈です。

　立地条件のほうから少し考えてみましょう。被害の起きた水俣と鹿瀬をこの観点から比べてみます。新潟の被害は甚大でしたが、水俣の被害は、その広がりと深刻さ、いずれをとっても新潟を桁外れに上回っており、『原爆に匹敵する』と言う人もいるほどです。水俣病は、新潟では河川で起き、水俣では海で起きました。河川と海では、食用になる魚介類の資源量も、それが実際に人の口に入る割合もまるで違います。新潟と水俣の違いの一つに、河川と海という立地条件があることは明らかです。

　残りの五工場の立地条件を見ると、いずれも海岸から離れたところ、あるいは山中にあり、排水は河川に放流されていました。その河川は、阿賀野川のような大河はありません。だから、ということですが、これを言うには、定量的に確かめる必要があります。この作業は、私たちの手に負えるものではありません。

　第2の謎についてはどうか。西村らは「助触媒の変更」がその原因であることを突き止める。チッソでは1951（昭和26）年8月、アセトアルデヒドをつくる際の助触媒を二酸化マンガンから硫酸鉄に変更する。その結果、メチル水銀の平衡濃度がはね上がった。実験の結果、次のような事実を突き止める。

　助触媒として二酸化マンガンを使用していた期間のうち、戦後、1950年までは、精留塔ドレーン（精留塔の塔底液）からのメチル水銀の排出量は年間3kg以下の低いレベルであったのに、マンガンの使用をやめた52年以降は、排出量が一挙に30kg以上になった。（西村ら、前掲書）

　実は二酸化マンガンの影響で、メチル水銀に行く「中間体3」の10分の9が破壊され、メチル水銀の生成量が10分の1に抑えられていたのだった——。

岡本、西村。2人の執念がこの謎解きを成功させたのだった。

「執念」とは——。岡本の場合からみよう。岡本はチッソの社員だった。人間を人間と思わないチッソのやり方に直面して、どうしても企業側に立つことができず、たった一人の大卒として水俣工場の「第一組合」に残り、患者家族と共闘する。もっとも、初めから患者と同じ地平に立てたわけではない。当初、組合もまた、会社とともに患者と対立する。1959（昭和34）年12月、工場正面前にゴザを敷き、補償交渉の座り込みに入っていた水俣病患者互助会から、貸していたテントを取り上げたのは実は組合だった。「女性の多かった座り込みの互助会員たちは冬の水俣川にテントを持って行って涙とともにこれを洗い、きれいにして返しに行った」（石牟礼道子『苦海浄土』、講談社）。

その組合（チッソ第一）が1968（昭和43）年に、「恥宣言」を出す。

　水俣病は何十人の人間を殺し、何十人の人間を生きながらの不具者にし、何十人のみどり児を生まれながらの片輪にした。（中略）その水俣病に対し私たちは何を闘ってきたか？　私たちは何も闘い得なかった。（中略）今まで水俣病と闘い得なかったことは、正に人間として、労働者として恥ずかしいことであり、心から反省しなければならない。

日本の労働運動史に残るこの宣言の起草者は岡本だといわれる。そして岡本は患者家族からこう問いかけられる。「私の子供は、私の親は、私のつれあいは、そして私自身は、チッソ水俣工場のどういう仕組みで水俣病にされ、殺されたり、これほどの苦しみを味わわされたりしなければならないのか。せめて、そのわけを知りたい」。岡本は、チッソに籍のある一人の人間として患者家族のこの当然の願いに応える義務があると考え、1973（昭和48）年の夏から資料集めや従業員らからの聞き取りなどを始める。1989（昭和64）年には西村らと「水俣病現地研究会」も立ち上げ、共同研究を開始するのである。

化学工学者の西村（東大）の場合は——。公害問題について積極的に調査、発言する西村に産業界から「東大追い出し」の圧力がかかる。恩師から「公害研究を止めるか、東大を去るか」と迫られた西村は、東大に残る道を選択する。

「大学を出て、それまでの研究成果をもとに反公害の社会運動家として生きる自分も想像してみました。しかし、それはとても自分の性格に合っていない気がしました。私から科学でのドンキホーテ的挑戦を取り除いたら私ではなくなる、生きている意味がないと感じました」(『水俣病の科学』あとがき)。1993（平成5）年、60歳で東大を定年退職した西村は、どこにも勤めず、この水俣病の謎解明に取り組んだのだった。

第2節 四日市公害・その1——コンビナート形成と公害発生

1. 公害の原点・四日市

四日市公害は「戦後日本の公害の原点」といわれる。「工業化・都市化した市民社会において、初めて起こった公害事件」が四日市公害だったからだ。しかも発生源企業の中心は、旧財閥の流れをくむ三菱系で、最新の技術を誇る東洋最大の工場群だった。そこで公害が起こったということは、「日本のどこででも起こり得る」ということを意味する。また、追い詰められた患者が決死の思いで起こした公害訴訟は、原告（患者）側の完全勝訴となり、政府の進める「日本列島改造計画」は頓挫した。四日市が日本を変えた——。その意味でも四日市は「原点」だった。

2. 高度経済成長とは

四日市コンビナートは、高度経済成長政策の中で立案、実現され、日本の高度経済成長を引っ張った。まず、高度経済成長をみておこう。

1960年代の日本経済は、明治維新以来の日本の経験に例がなく、諸外国にも類をみないほど、急速な経済成長を遂げる。それを「高度経済成長」、ないしは単に「高度成長」と呼ぶ。この時期を中心にした10数年間を「高度経済成長期」と呼ぶ。

時代背景は——。この時期には、日本は実質成長率が10数％を超える年がほぼ10年続いた。世界も成長の時代だった。アメリカ大統領ケネディが「ニュ

ー・フロンティア」を掲げて、対外的には威信回復、国内的には繁栄、福祉、人種平等などを主張してそれに基づく経済成長政策を採用する。高速道路の建設促進、住宅や地域社会の開発など、長期的計画のための立法を次々と提案、それらの政策がある程度の成功を収めたのだった。

　一方、ソ連（当時）にはフルシチョフが登場する。彼にとってはスターリン時代の暗い影を払い、国民に希望を持たせるために、生活水準の向上、経済成長が必須だった。

3. 経済の季節と国民所得倍増計画

　日本では安保闘争という政治の季節の後に池田内閣が登場、経済の季節へと舵を切る。1960（昭和35）年7月、池田勇人内閣が発足、12月には「国民所得倍増計画」を決定した。1961（昭和36）年度から1970（昭和45）年度までの10年間に、年平均7.2％の経済成長を続け、1970年度のGNP（国民総生産）を26兆円にし、1人当たりの国民所得を2倍の20万8,601円にするという計画だった。

　ところがその後の実際の成長は、はるかにこの計画目標を超える。

　国民総生産──26兆円の目標に対し、実績（1970年度）は45兆2,676億円で1.7倍。

　国民1人当たりの所得──20万8,601円の目標に対し、実績は35万3,935円で1.7倍。

　鉱工業生産水準──目標の1.4倍

　電気冷蔵庫の普及率──計画50.8％、実績74.6％。

4. なぜ、成功したか

　　以下のようなことがいえよう。

①敗戦によって戦前の古い制度的諸条件が一掃され、その後に、「純粋資本主義」とも呼ぶべき自由私企業体制と、社会的要素を強く加味した民主主義の政治制度の結合物が生まれた。それが西ドイツと日本の奇跡の原因だった。
②優秀な労働力。この時期、日本の職場の第一線で働いたのは第一次世界大

戦後から第二次世界大戦直後までに出生した世代。苦難の歴史を経験したが同時に、戦後民主主義も体現した。ハングリー精神と上昇志向を持ち、「追いつき追い越せ」に力を発揮した。
③軍事費を使わなかった。
④特需が日本市場を支えた。
⑤官民一体の「護送船団方式」が力を発揮した。
⑥生産基盤に公共投資を集中させた。
⑦重化学工業の主要原料は石油。それが1バレル1ドルと超安値で、しかも容易に手に入った。

5. 四日市という街

　四日市は名古屋から特急電車で30分ほどの人口22万人（昭和40年代。現在は約29万人）の街である。丹羽文雄の小説『菜の花時まで』に描かれているように、海岸線数kmは菜の花畑だったが、そこに石油化学コンビナートがやってきて、菜の花の光景は消えた。

　コンビナートが造られたのは戦時中に造られた「海軍燃料廠」の跡地。同燃料廠は原油処理能力日産2万6,000バレルで、2万t級のタンカーが接岸できる港も造られ、当時は「東洋一の施設」を誇っていた。

　戦争に負け、燃料廠跡地は国有地として大蔵省の管理下に入る。1949（昭和24）年に施設再開の方針が決まり、激しい払い下げ合戦が展開された結果、1955（昭和30）年、60万坪が昭石・三菱グループに払い下げとなった。また、払い下げに併せ、「第一期石油化学計画（1955年）」が、通産省議決定となる。①合成繊維、合成樹脂の原料確保②それまで全量輸入されていたエチレン系製品の国産化③化学工業原料の価格引き下げによる国際競争力の強化──の3つを目標としたもので、そのための具体的育成措置として、「開銀融資」「重要施設の特別償却」「外国技術導入の認可」「重要物産から生じた所得についての法人税免除」「所要の機器輸入について、外資割り当ての確保と輸入関税の免除」など、至れり尽くせりの庇護政策が盛り込まれていた。

6. 四日市コンビナートの形成と展開

こうした庇護の下、四日市では第1（塩浜）コンビナート、第2（午起）コンビナート、第3（霞ヶ浦）コンビナートの順で、コンビナートが誕生していく。

《第1（塩浜）コンビナート》

1957（昭和32）年、昭和石油が50％、三菱グループとシェルグループが各25％出資の「昭和四日市石油」がつくられる。資本金は40億円で、1958（昭和33）年に操業を開始した。1日4万バレルの石油精製能力だった。

コンビナートの中心はナフサ分解センター。これは三菱油化（1956年設立）が担った。昭和四日市石油からパイプで受けたナフサ（粗ガソリン）を熱分解して石油化学の出発原料であるエチレン、プロピレン、副生ガスなどを関連会社に送る元締めの企業である。

その三菱油化が1959（昭和34）年3月、エチレン年産2万2,000tで操業を開始、これに三菱モンサント化成、三菱化成工業、後には日本合成ゴム、味の素などが結びついていった。

電力は中部電力三重火力（1955年12月操業）が供給した。当初は石炭火力だったが、昭和四日市石油が来てからは重油燃料になる。出力は34万KWだった。

このように、ざっと1961（昭和36）年頃、第1（塩浜）コンビナートはその骨格をつくり上げ、その後もエチレン年産を6万t、10万tと伸ばし、1968（昭和43）年には20万tまで規模拡大したのだった。

《第2（午起）コンビナート》

第2コンビナートは民族資本の大協グループがつくった。大協石油—大協和石油化学—中部電力四日市火力のラインで、1963（昭和38）年に合同開所式が行われた。エチレン年産は4万1,000tだった。しかし石油化学コンビナートの発展は猛スピードで、当時の11のナフサセンターの中で最小規模だった。

《第3（霞ヶ浦）コンビナート》

このため、霞ヶ浦の埋め立て地に、大協石油、協和発酵に加え、興銀系の有力社、東洋曹達、鉄鋼社などが加わり、エチレン年産30万t規模の第3コンビナートづくりが始まる。1967（昭和42）年2月に市議会で計画を強行採決、1972（昭和47）年2月にエチレン年産30万tの新大協和石油化学をナフサセンター

とする第3コンビナートが稼動する。

　第3コンビナートづくりで注目されるのは自治体の動きである。1966（昭和41）年の市長選で、九鬼喜久男（48歳）が〈四日市のケネディ〉を掲げて当選する。「漁業など時代遅れ」といってのけた人物で、1か月に20回もの地元説明会を開き、コンビナート誘致を強行した。「自治体が国策にぴったりと寄り添った」という事実は記憶されていい。

　その後は――。三菱油化はエチレン年産27万6,000tまで、昭和四日市石油は原油処理能力を日産24万バレルまでアップする。そして1994（平成6）年10月には、三菱化成、三菱油化が合併して国内最大の化学会社「三菱化学」が誕生した。

　第3コンビナートでは東洋曹達が1987（昭和62）年の社名を「東ソー」に改名、新大協和石油化学とも合併する。「東ソー」はエチレン年産40万9,000tまで伸ばした。

　こうして四日市コンビナートは日本の石油化学工業のエース基地となり、日本の高度経済成長を引っ張る街となる。日本の石油化学工業全体は、生産高を1960（昭和35）年の572億円から、1969（昭和44）年には8,061億円と14倍に増やす。出発わずか10年で、アメリカに次ぐ世界第2位となるのだが、その中心に四日市があったのである。

7. エース基地の街に何が起こったか

　このエース基地の街に起こったこととは――。大気汚染、水質汚濁、騒音、悪臭、地盤沈下など、あらゆる公害が発生した。そしてそれは、「死者の物語」になっていく。

　その1――。1966（昭和41）年7月10日、木平卯三郎（76歳）＝四日市市稲葉町＝が首吊り自殺した。木平は市公認の公害患者（認定患者）で、「死ねば薬もいらず、楽になる」との遺書が残されていた。この事件こそが〈四日市公害報道の分水嶺〉となる。「死者まで出す公害が許されていいはずはない」との声、世論が、四日市の地元はもとより、全国に満ちることになる。

その2——。翌年の6月13日、菓子製造業大谷一彦（60歳）も首吊り自殺する。大谷も認定患者で、怒りの「日記」が残されていた。

　　昭和40年6月3日——。午後5時過ぎよりスモッグひどい。亜硫酸ガスのためにセキやまず。弁当をつくって早々にわが家を飛び出す。ああ残念。家にいたくてもさびしい所に行かねばならぬ。九鬼市長ゼンソクをやってみろ。わかるだろう。公害の影響で死にたくない。

その3——。さらに1967（昭和42）年10月20日には、中学生、南君枝（16歳）が、ゼンソクのため病院で死亡。後日の追悼デモでは「死んだなどと簡単に言うな。南さんは殺されたのだ」という激しい怒りのプラカードもみられた。

8. なぜ、こんなひどい公害になってしまったのか

　以下の諸事情が重なったためだが、人命軽視が招いた「人災」であることは明白である。

①近東産の硫黄分3％という質の悪い重油が使用されたため。
②事前の立地調査、気象調査がまったくなされず、住宅地への煙害到達に対する対策も皆無だった。実は四日市では「疾風汚染」と呼ばれる最悪のパターンが起きてしまった。風上に近接して巨大発生源があると、亜硫酸ガスは拡散せず、地表に叩きつけられる。これを「疾風汚染」と呼ぶが、その叩きつけられる場所が磯津だった。この地では1964（昭和39）年12月、亜硫酸ガス2.5ppmという殺人的濃度を記録している。ちなみに1952年の有名なロンドンスモッグでも、亜硫酸ガス濃度は0.6〜0.8ppmだった。その結果磯津地区は、7軒に1軒が患者を抱える「公害に呪われた街」になっていく。
③法規制が皆無だった。1964（昭和39）年になってようやく「煤煙規制法」の指定がなされるが、同法の規制値（煙道亜硫酸ガス排出濃度）は火力1,800ppm、その他2,200ppmで、この規制値を上回る排出の煙突は四日市地区には1本もなかった。典型的なザル法である。その結果、当然のように患者

は多発、たまりかねた住民は「公害訴訟」に突き進んでいくのである。

第3節　四日市公害・その2——公害訴訟

公害患者が、四日市コンビナートを相手取って起こした公害訴訟が、四日市を変え、日本を変えていく。

1. 提訴まで

1964（昭和39）年4月2日、塩浜病院に入院中の古川喜郎（62歳）が3日続きのスモッグの中でゼンソクで死亡する。「この体を解剖して、四日市公害の原因を突き止めてくれ」との遺言に従って解剖された結果、ロンドンスモッグの死者と同様の症状がみられた。解剖を行った三重県立大（当時）の医師グループが、宇部市（山口県）の学会で報告、四日市公害の「公式の死者第1号」とされる。

同年6月、四日市を視察した「都留調査団（団長・都留重人一橋大教授）」のメンバーの戒能通孝（法学）は「公害訴訟を起こすことは可能だ」と示唆した。そして追い詰められていた患者たちは「どうせ死ぬなら、裁判で白黒をつけて死のう」と決意する。後に原告となる磯津の漁師野田之一は、「私らはこのまま居っても死んでいくのや。どうせ死んでいくのやったらな、日本には法律が在るのやで、法律に問うてみやん（みよう）。ほんで、もし、あかんかったらな、昭石でもどこでもいいから爆弾放り込んで、その中に入って死んだらええわ、っていうそういう気でやったわけや」と述懐している。

裁判への具体的な動きが始まる。1966（昭和41）年8月から、弁護団（東海労働弁護団）と地元との準備会が始まるが、すんなりとはいかない。コンビナート労組が加盟する三化協（三重県化学産業労働組合協議会、1万人）が腰を引き、「訴訟には中立」との方針を打ち出した。自分の会社とは戦えないという企業内労組の弱点が露呈したのだった。代わって、市職、教組が前面に出、やっと体制が整う。そして1967（昭和42）年9月1日、訴状が津地裁四日市支部に提出された。損害賠償を求める民事訴訟で、原告は野田之一ら磯津の公害認定患者9人、被告は塩浜コンビナートの6社（三菱油化、三菱化成、昭和四

日市石油、三菱モンサント化成、石原産業、中部電力三重火力)。コンビナートの大気汚染公害を問う全国初の訴訟で、「進行中の公害を俎上に乗せ、コンビナートの立地をめぐる産業公害を裁く」というものだった。

2. カギ握った因果関係の立証

裁判は民法第719条で、共同不法行為の責任を問い、6社に総額2億58万6,300円の損害賠償を求める——という形を取った。当初は「国、自治体の責任も問おう」「憲法の生存権で戦おう」などの声もあったが、「一刻も早くこの無責任状態に終止符を打たせよう」ということで、直接の加害企業に対する素朴な不法行為責任の追及でいこう——ということとなった。

一般に損害賠償が認められるためには①故意過失がある②権利の侵害がある③加害行為と被害との間に因果関係があること——の3つを立証しなくてはならない。このうち、「故意過失」は、公害では「最初の被害は別として、2回目以後の被害について、企業が被害を生じることを知りながら、あえて操業を続ければ故意がある」とみるのが通説だったから、公害については一般に故意がある、とみていい。権利侵害(違法性)については後に東大総長となる民法学者の加藤一郎が「自分の土地で煙を出すのは自由だが、土地の境界線を越えて他人に被害を出せば原則として違法。ただし、受忍限度内なら違法性は阻却される」との見解を出していた。当時すでに四日市では500人を超す患者が出ていたから、受忍限度を超えていることは明白といえる。

最も立証が難しいのが因果関係。原告側は「どの工場のどの煙突の煙が、誰を発病させたかといった個々の立証はいらない。全体として行為(亜硫酸ガスの排出)と結果(健康被害)との間の因果関係が立証されれば、個々の因果関係は推認される」との新しい解釈に立った。そのうえで原告弁護団は「疫学的因果関係論」を主張したのである。これは伝染病の研究から生まれた新しい考え方で、次の4つの原則、「疫学4原則」があてはまれば、因果関係ありとする。それを弁護団は法律の場で試みようとしたのだった。

その「疫学4原則」とは——。①発病の一定期間前に原因とみられる特定因子が作用すること②量と効果の関係が認められること③流行の特性があること④

メカニズムが生物学的に説明できること——。四日市公害に果たして、この「疫学4原則」はあてはまるのか。それが裁判の最大の争点になっていくのである。

ヤマ場となったのが、1969（昭和44）年の第15回口頭弁論。三重県立大教授吉田克己は次のように証言した。

①私（吉田）は1961（昭和36）年度から4年間、国民健康保険のカルテと亜硫酸ガス濃度を重ね、四日市市内13カ所で調査した。その結果、磯津を含む汚染地区と、山の手の非汚染地区を比べると、咽頭炎、感冒、気管支炎で2.2倍、気管支喘息で3倍と、有意差があった。

②汚染地区では石油化学コンビナート操業増につれて、1961（昭和36）年頃から亜硫酸ガスが増加、亜硫酸ガスと罹患率との相関関係は、感冒0.8、気管支喘息0.88と極めて高かった。1に近いほど相関が密接で、この2つは完全相関に近い。

③疫学4原則でみると、特定因子の亜硫酸ガスの作用があり（第1原則）、発病メカニズムも動物実験や死者（古川）の解剖などで十分説明できる（第4原則）。量と効果の関係（第2原則）や流行の特性（第3原則）も、患者が転地療養すると快方に向かうといったことや、汚染地区で発病率が高い、などの調査結果から明らか。よって、磯津における閉塞性患者（喘息患者）の増大がコンビナートの稼動に原因があることは、今日の医学的常識である。

この「吉田証言」で、裁判の帰趨が決まったといってもよかろう。

3. 歴史的な米本判決

4年5か月の審理の末に、1972（昭和47）年7月24日、歴史的な「米本（潔）判決」が出る。被告6社に合計8,821万余円の支払いを命じた、「原告完全勝利」の判決だった。

米本判決は疫学的因果関係を全面的に採用、共同不法行為について「加害—被害との個々の因果関係の証明はいらない」としたうえで、「磯津地区に近接して、被告ら工場が順次隣接して旧海軍燃料廠跡を中心に集団的に立地し、時を

だいたい同じくして操業を開始し、煤煙の排出を継続していることによって、これ（関連共同性）を有すると認められる」とした。患者救済を視野に入れた積極的な解釈である。また、責任および違法性についても米本潔裁判長は「本件の場合のように、コンビナート工場群として相前後して集団的に立地しようとする時は、事前に排出物質の量と質、排出施設と居住地区との気象条件等を総合的に、調査研究し、付近住民の生命、身体に危険を及ぼすことのないよう立地すべき注意義務がある。（中略）──被告らはこれらの調査研究をなさず、漫然と立地し、操業を継続した」と、立地上の過失も明確に認めた。そして──「仮に最善の防止措置を講じた時は免責されると解するとしても、人の生命、身体に危険のあることを知りうる汚染物質の排出については、企業は経済性を度外視して、世界最高の技術、知識を動員して防止措置を講ずべきである。被告はそうした努力をしたとは認めがたい」とした。

　返す刀で「被告が四日市に進出したについては、当時の国や地方公共団体が経済優先の考え方から公害問題の惹起等に対する調査研究を経ないまま旧燃料廠の払い下げや条例で誘致を奨励するなど落ち度があった」と、国、自治体の責任も裁いた。「戦後の開発の総体、高度経済成長そのものが裁かれた」（宮本憲一）裁判であり、「60年型産業公害」に対する企業責任がはっきりと社会的に確定した裁判だった。なお、時は前後するが、富山イタイイタイ病、熊本・水俣病、新潟水俣病と四日市公害の四大公害訴訟は、すべて原告（住民側）が勝訴した。

4. 判決の意義

　判決後30余年の、今の時点で判決文を見直すと──。以下のような意義を挙げることができよう。

①「事前に排出物や気象を調べよ」と述べているところなどには、先駆的な環境アセスメントの思想が感じられる。
②それまでの地域開発のあり方を断罪し、「持続可能な開発」に言及しているようにさえ読める。
③人の生きることの大切さ、を最大限に謳い上げている。それは足尾事件以

来100余年の住民の犠牲の上に生み出されものといえよう。

5. 公害対策の開始
この裁判後からもろもろの対策が始まる。「公害対策の原点」といってもいい。

その1——硫黄酸化物の総量規制
三重県は硫黄酸化物の排出量を3分の1に減らすという総量規制を、1972（昭和47）年4月から、三重県公害防止条例を改正して施行した。裁判の原告勝訴を見込んだものだったのではなかろうか。8月15日からはこれが本格実施される。コンピューターを使ったテレメーター方式で、日本初の総量規制だった。これが1974（昭和49）年6月の国の大気汚染防止法の改正による地域の総量規制につながっていく。

その2——財団法人「四日市公害対策協力財団」の発足
1973（昭和48）年9月に発足した。公害発生企業が、民事的な責任に基づいて公害の被害者に補償するという世界初の試み。これも、すぐに国が後追いし、生活保障にまで一部踏み込んだ新しい「公害健康被害補償法」が、1974（昭和49）年9月に施行となった。

6. 教訓
環境庁が1991（平成3）年7月に、汚染関連被害についてのケーススタディを試み、その報告書をアジア太平洋環境会議（1991年・東京）に提出している。それによると四日市の場合は——。

公害健康被害補償法に基づく公害認定患者についての毎年の補償額（医療費＋生活保護費）の総額は、13.2億円（1988年価格）。一方、この間での企業や地元自治体の対策費は毎年90.3億円（同）。そして四日市で何らの対策も行われず、被害地域が拡大し、四日市全体が磯津並みの被害になったとすれば、その被害額は年間496.5億円に達すると試算した。これは現実に取られた対策費（90.3億円）の約5倍である。対策放棄は何と高くつくことか。苦い教訓とし

て嚙みしめたい。

　また、対策の最初の1歩は、四日市の場合も、一個人の英断から始まっている。四日市では1963（昭和38）年頃には「四日市ゼンソク」がはっきりと認識されるようになる。当時、企業の勤務者、サラリーマンは健康保険制度が適用されたが、それ以外の一般住民は国民健康保険制度で、これは5割の自己負担だった。長期の入院になると個人では支えられない。

　当時の四日市市長平田佐矩は、吉田克己の知恵を借り、「指定地域、指定期間」の考えで、患者救済に立ち向かう。汚染地域に一定期間以上住む患者の医療費を市費でみようというもので、1965（昭和40）年度の1,000万円を予算化、18人を認定した。国も県も及び腰だったが、市の英断に後押しされ、1969（昭和44）年12月には国の法律「公害健康被害救済特別措置法」が生まれ、全国の患者が対象となった。

　平田はこう言っている。

　本市では近く、国税、県税、市税併せて300億円以上、一日に一億という線になってきている。工業化が繁栄をもたらしたのは事実だが、その影で数万の市民が犠牲の肩代わりをしている。市は大気汚染の直接の責任者ではないが、だれも責任を取らないというのでは、一方の繁栄に対して片手落ちではないか。何とかしたいということで、政治的に踏み切った。

　平田はもともと保守の政治家だが、独特の社会的正義感があった。当時、大気汚染に悩む都市は多かったし、革新首長も少なくなかった。しかし、患者の医療費救済に全国で初めて手がけたのは、「素朴な社会正義感」の持ち主、平田だったのである。

第4節　四日市公害・その3——都市再生

1. 四日市公害は終わったのか

「四日市公害は解決したのか」。答は「イエス」でもあり、「ノー」でもある。四日市の場合、新たな健康破壊などは起こっておらず、その意味では「解決」といっていいかもしれない。しかし、地域社会の破壊、生態系の破壊はまだそのままである。都市そのものが市民のものでなくなるとき、公害問題が生まれる素地ができる。だから公害は、公害問題で終わらない。都市そのものを「企業社会」から「市民の社会」にしないと終わらない。環境再生、都市（地域）再生に結びつかない限り、四日市公害の本当の終わりはない。その意味では、答は明らかに「まだノー」である。

2. 都市再生へ

2004（平成16）年夏、四日市で新しい取り組みが始まった。研究者、弁護士らでつくる「日本環境会議」が、四日市の地元の大学や市民運動と協力して「四日市環境再生まちづくり検討委員会」をスタートさせた。これから2年かけて、「四日市再生プラン」をつくる。

その方向とは——。

第1に、住み心地のいい街（それこそがアメニティ）、そして何よりも市民の自治、市民のコミュニティーのある街を目指す。実は石油化学コンビナート（石油化学産業）は今や斜陽産業である。三菱化学がエチレンプラントを廃止したことがそれを象徴しており、コンビナート内に遊休地も生まれている。その利用を企業任せにしないで、自治体、市民、大学とも連携しながら、新しい産業連関をつくっていくことが大事——という視点に立っている。

第2に、「水辺の復権」を目指す。豊かな水辺空間を持つ都市こそが豊かな都市といわれるが、四日市では海岸線のすべてを企業に占拠されてしまった。それをどう、取り戻していくか。すでにイタリアのラベンナでは、石油コンビナートの縮小を受け、跡地を昔通りの湿地に戻している。ヨットハーバーなど

も造り、市民の海にした。中国・大連も「もう海岸には絶対に工場を建てさせない。これは日本から（反面教師として）学んだ」という。

　第3に、「菜の花の風景」を復活させたい。「美しい景観は、自然と人間との美しい関係の中でこそ生まれる」といわれる。菜の花の光景が復活したときこそ、「四日市公害は終わった」といえるのではないか。

　そして、「環境政策が何よりも優先する」という仕組みをつくることこそが重要だ。そこでは企業も市民にならなくてはならない。「そこで目指されるのは経済的豊かさではなく、『環境的豊かさ（Environmental Wealth）』である」（日本環境会議事務局長・寺西俊一）。

参考文献
宇井純『公害の政治学』三省堂、1968年。
石牟礼道子『苦海浄土―わが水俣病』講談社、1969年。
宇井純『公害原論』亜紀書房、1971年。
原田正純『水俣病』岩波書店、1972年。
原田正純『水俣が映す世界』日本評論社、1989年。
岡本達明ら編『聞書　水俣民衆史　1巻～5巻』草風館、1990年。
水俣病研究会編『水俣病事件資料集（上）、（下）』葦書房、1996年。
西村肇、岡本達明『水俣病の科学』日本評論社、2001年。
（以上・水俣病関係）

宮本憲一『社会資本論』有斐閣、1967年。
拙著『原点四日市公害10年の記録』ペンネーム小野英二、勁草書房、1971年。
田尻宗昭『四日市・死の海と闘う』岩波書店、1972年。
澤井余志郎編『くさい魚とぜんそくの証文』はる書房、1984年。
平野孝『菜の花の海辺から』法律文化社、1997年。
宮本憲一『都市政策の思想と現実』有斐閣、1999年。
吉田克己『四日市公害』柏書房、2002年。
（以上・四日市関係）

第7章

循環型社会へ

第1節　新しい哲学を

　産業革命以来続く化石燃料の大量消費、20世紀型の〈大量生産─大量消費─大量廃棄〉が限界に達していることは、地球温暖化問題ひとつをとっても明白である。「今」に見合う新しい哲学の構築が不可欠だ。

1.「無限の地球観」から「有限の地球観」へ
　人類の誕生は約700万年前（900万年前説も）。火を使い、道具をつくり、人間としての営みを始めてから今日まで、人類は「劣化しない無限の地球」を前提にして生きてきた。

　　人類の歴史のうち、99.99％は「無限で、劣化しない地球」のうえで生きてきた。自然は限りなく大きく、資源は使っても使っても減ることはなかったし、有害物質を自然界に排出しても、自然の復元力は大きく、時が経てば再び健康な自然に戻してくれる、そんな頼りがいがある地球である。（三橋規宏『日本経済グリーン国富論』、東洋経済新報社）

　私たち人類はそれに甘え、とりわけ18世紀後半の産業革命以降、近代科学技術の発展を背景に、物的豊かさをとことん追究してきた。その究極の経済システムこそが、現在の〈大量生産─大量消費─大量廃棄〉という一方通行型の経済システムである。その結果、ついに地球はその限界に突き当たった。その

「悲鳴」が「地球温暖化」であり、「オゾン層の破壊」である。
　人類史の中で、99.99％以上の先輩世代は、「無限で劣化しない地球」という地球観でやってきたし、やってくることができた。0.001％以下でしかない私たち世代が、人類で初めて、「有限で劣化する地球」のうえで生きることになったのだ。その認識の「切り替え」が不可欠である。

2.「持続可能な開発（社会）」という哲学

　この有限の地球、地球の限界と、私たちはどう、折り合いをつけるのか。そこで登場した新しい哲学が「持続可能性（Sustainability）」である。1972年、スウェーデン・ストックホルムで、「国連人間環境会議」が開かれた。環境問題をテーマにした初の国際会議で、「われわれは歴史の転換点に到達した。（中略）現在および将来世代のために人間環境を擁護し、向上させることは、人類にとっての至上の目標となった」との「人間環境宣言」を採択したのだった。
　そのスットクホルム会議からの10年を記念する会議（1982年5月10日）で、当時の日本の環境庁長官原文兵衛が「地球環境の保全を長期的、総合的視点から検討、将来の環境政策を指示する特別委員会をつくろう」と国連に提案する。これを受けて1983年秋の国連総会決議によって「環境と開発に関する世界委員会」が設置された。委員長はノルウェー首相ブルントラントで、世界の賢人会議といった性格のものだった。日本からは国際的エコノミスト大来佐武郎が委員として参加した。
　各地で公聴会も開き、聞き取りも行って、1987年4月に報告書「われら共有の未来――Our Common Future」が出る。そこで謳われたのが「持続可能な開発（社会）」という新しい哲学だった。「持続可能な開発とは、将来の世代の要求を充たしつつ、現在の世代の欲求も満足させるような開発をいう」と定義された。別の表現をすれば、未来を先食いしない、地球の環境容量の中に、人間活動をはめ込む、というもの。ここにははっきりと「有限の地球」という地球観が据えられている。

3. 循環型社会へ

　こうした哲学から構想される社会システムとは——。それは〈大量生産—大量消費—大量廃棄〉の一方通行のシステムに代わる「モノが回る社会」＝「循環型社会」であろう。産業革命以来の大転換が今、始まっている。

　ではそれは「我慢」や「生活の質の低下」を意味するのだろうか。そうではない。北大教授吉田文和は言う。「循環型社会の目的は、本来、物質やエネルギーの循環やリサイクル自体にあるのではなく、それを通じた人間生活の豊かさ（Well-being）の向上にある。ものの生産や所有を通じて人間の生活や生命活動に負の影響をもたらすような生産や循環経済のあり方は、目的と手段を転倒させることになる。循環を通じてできるだけ、環境負荷を低下させる、つまり資源循環を減らし、スループット（Through-Put＝環境通過量）の最小化を図るべきだ。この意味で、循環による脱物質化（物質をできるだけ使用しない方向）に基づいて、人間生活の向上をもたらす途（みち）を探ることが課題である」。

4. 循環型社会形成推進基本法と拡大生産者責任

　そうした新しい哲学、考え方に基づいて日本でも、2000（平成12）年に「循環型社会形成推進基本法」（以下、基本法）が制定され、循環型社会に向けてのスタートを切った。同法では、循環型社会とは①製品等が廃棄物になることの抑制、②循環資源が発生した場合における適正な循環的利用の促進、および、③循環的な利用が行われない循環資源の適正な処分の確保という手段・方法によって実現される、天然資源の消費が抑制され、環境への負荷ができるだけ低減される社会、と定義されている。

　基本法で初めて、廃棄、リサイクル処理の優先順位を定めた。これも意義深い。①廃棄物の発生抑制（リデュース）②再利用（リユース）③再生利用（リサイクル）④熱処理⑤適正処分——の順である。

　循環型社会へ向かうための基本問題、キー概念のひとつとして、拡大生産者責任（EPR＝Extended Producers Responsibility）についてみておきたい。

　「拡大生産者責任」とは、製造業者や販売業者に、消費段階における製品の

管理についての責任を課すという意味である。OECD（経済協力開発機構）のガイダンスマニュアルでは、拡大生産者責任には、回収・リサイクルの実施の責任の双方が含まれる。つまり、製造を中心として、その前の設計を環境配慮型にし（DfE：Design for Environment、環境配慮型設計）、製造の後についても回収・リサイクルまで責任を拡大するという原則である。（吉田文和『循環型社会』、中央公論新社）

　生産者などの事業者こそが、最も環境適合型の製品をつくり出す能力・情報を持っているのだから、この費用を事業者に支払わせることにすれば、リサイクルしやすい製品をつくって製品の価格を安くしようというモチベーションが働くはず——というのが拡大生産者責任の考え方の根底にある。「その考え方は、汚染者の汚染の責任を負わせるOECDのPPP（Polluter Pays Principl、汚染者支払いの原則）と同様であるというのが、環境法学者の見解である」（吉田文和、前掲書）。

5. 容リ法、家電リサイクル法、自動車リサイクル法

　基本法制定に基づき、関連各法も相次ぎ制定、施行されている。主なものをみておく。
(1) 容器包装リサイクル法（略称：容リ法、2000年4月完全施行）
　この法律では①消費者に対しては容器包装ゴミ排出時の分別②自治体に対しては収集、運搬と分別③事業者に対しては再商品化——の役割分担を定めた。また、事業者の再商品化の役割は、指定法人に委託できるとした。
　しかし、問題点がいくつかある。ひとつは「拡大生産者責任」の不徹底。回収リサイクルの費用は、収集が7、8割なのに、それが企業負担でなく、自治体負担となった。ドイツでは、包装廃棄物処理で、自治体が税金を使ってはいけないとしているため、企業が100%負担して収集会社をつくっている。フランスは自治体が回収するが、それに伴い余分にかかる費用は企業負担とした。
　だが、日本の場合は、フランスの真似をしながら、収集費用は自治体負担とした。このため「拡大生産者責任」は羊頭狗肉になっている。吉田文和（前掲書）によれば、1998年度に全国市町村で「びん、ペットボトル」の収集運搬、

選別などの中間処理費で565億円の負担があるのに対して、特定事業者（びん、ペットボトルの製造者と利用者）は39億円で済んでいる（全国都市清掃会議の試算）。この仕組みでは、大量生産は止まらず、〈大量生産→大量リサイクル〉となってしまう。

(2) 家電リサイクル法（2001年4月本格施行）

　画期的な法律といっていい。対象はまだ4品目（テレビ、冷蔵庫、エアコン、洗濯機）に限られているが、その4品目を使用後、回収してリサイクルする制度である。テレビ、冷蔵庫、エアコン、洗濯機などの家電製品は、物質循環の環境問題という観点でみると、大変重要である。テレビのブラウン管に含まれる鉛、電子基盤の重金属、エアコンのフロンガス、プラスチックの可塑剤などの回収が公害対策上も不可欠だし、他方で鉄、非鉄金属などの回収は、資源の節約と有効利用につながる。

　この法律では、4品目について、小売業者による引き取り、および製造業者、輸入業者による再商品化が義務づけられた。消費者は4品目を廃棄する際、収集運搬費用とリサイクル料金を支払うことになった。その結果、年間1,000万台以上の家電製品が、メーカーに戻ってくることになり、吉田文和によればそれによって、次のような3つの新しい取り組みと成果を生み出しつつある。①安定した使用済みプラスチックが供給されるようになり、品質保証された再生プラスチックと部品再使用市場が生まれる可能性が出てきた②自分が造った製品が戻ってくるため、生産技術の見直しや解体しやすい設計が進む可能性が出てきた③製品の設計段階の情報開示も進んでいる——がそれである。

(3) 自動車リサイクル法（2002年成立、2005年本格施行）

　使用済みの自動車の発生量は年間約500万台。シュレッダーダスト（プラスチックやガラスなど比重の小さなものからなる廃棄物）だけでも約75万tで、家電廃棄物を上回る。使用済み自動車のうち5分の1の約80万〜100万台が輸出されており、また原料にする目的でも廃車が年間約35万台、輸出されている。

　この法律は、拡大生産者責任に基づき、使用済み自動車から発生するフロン類、エアバッグ、シュレッダーダストの3項目について、自動車製造業者と輸入業者に対して、引き取り、およびリサイクルを義務づけている。

リサイクル費用は、車種によって異なるが、おおざっぱにいって小型車は1万円前後、ミニバンは1万5,000円前後、高級外車は2万円前後かそれ以上である。新車は購入時に、すでに所有している車は2005年1月以降、車検の更新や廃車の際に、ディーラーや整備工場に払う。

自動車全体のリサイクル率は重量ベースで現在の約80％から、2015年度には95％以上になるとみられている。設計段階でリサイクルしやすい構造に変えることや、シュレッダーダストになる樹脂材料をリサイクルしやすいものにすることなどが重要だ。

（4）その他

食品リサイクル法——。2001年度から施行。生ゴミの①発生抑制②乾燥などによる減量③堆肥や飼料などへの再利用——を事業者に事業者に義務づけている。排出量が年100t以上の事業者の取り組みが著しく不十分な場合は、名前が公表されたり、罰金が課せられたりする。

建設廃材リサイクル法——。2002年5月本格施行。①分別解体、再資源化の義務付け②発注者、受注者間の契約手続きの整備③解体工事業者の登録制度の創設——などが柱だが、再資源化に関し、「再資源化施設が50km以内にない場合」と「再資源化施設が50km以内にあっても、地理的条件、交通事情により」、縮減（焼却）を認めるなど「骨抜き」もみられる。

また、1998年成立の改正省エネ法が「トップランナー方式」を採用した。「3年後に売り出す家電商品の消費電力は、現在各メーカーが販売しているもののうちの最小のものを下回らなければならない」というもので、大きな効果が期待される。

第2節　企業の挑戦

循環型社会に向けての企業の挑戦はどうなのか。例えば、富士写真フィルムのレンズ付きフィルム「写ルンです」が、循環生産システムの好例である。

小田原から伊豆箱根鉄道大雄山線の電車で約20分、秀峰富士を間近に望む神奈川県南足柄市に富士フイルムの足柄工場があり、その一角に「写ルンです」

の完全循環生産システムがつくられている。

　同社は1934（昭和9）年、きれいな空気と水を求めて同地に工場を建てた。当時、全量輸入だった映画フィルムの国産化を目指したという。さまざまなフィルムの製造を手がけた後の1986（昭和61）年、フィルムとカメラが一体となった初の製品「写ルンです」を世に問う。そしてその2年後からリサイクルを始め、1998（平成10）年には1つの建物内で設計、生産、リサイクルまでをやってのける世界初の「完全循環生産システム」を完成させた。2003年度の場合、「写ルンです」は国内で6,000万本、世界では1億数千万本が生産されている。

　撮影終了後、「写ルンです」は現像、プリントのサービスを受けるために、顧客がラボ店（現像、プリント受付店）に持ち込む。フィルムを取り出した後の機体が工場に運ばれ、そこで仕分け、分解、検査を経て、再び製品化される。特徴のひとつは「解体を前提とした製品設計」である。例えば初期の「写ルンです」は、機体の外枠カバーやスイッチユニットの接続を接着剤やねじでやっていた。しかし、解体に労力がかかるため、部品をユニット化し、すべて組み込み（爪止め方式）型にし、ねじや接着剤の使用を廃止した。さらに解体しやすいように、一方向の動作ですべて分解できるように工夫もした。一方、紙箱やラベルを取り外すために、外枠カバーに薄い溝を掘り、機械の爪がそこの溝に入り、自動的にはがせるような細工もしてある。また、回収により、どこに欠点があるのかも把握でき、次の設計に生かすことが可能になった。

　同社の資料を基に、工程をもう少し詳しくみてみよう。まず、「仕分け工程」。回収品を自動仕分けラインに投入する。回収品を整列させ、カメラで機種を自動識別、自動分別した後、機種ごとのラインに乗せ、次の「分解工程」に送る。

　「分解工程」では、分解機によって自動的に外された各部品は、リユース部品とリサイクル部品に分けられる。メカユニット（本体）、フラッシュユニット、レンズはリユースのための検査工程に送られる。前カバー、裏カバー、スイッチユニット、巻き上げノブはリサイクルのため、原料に戻す工程に送られる。この分解の自動化は、爪による引っ掛け方式の採用と、部品のユニット化とともに部品の分解を前面の一方向から一動作でできるようにしたことで可能となった。そして分解されたリユース部品は、洗浄、検査の後、製造工程に回される。

「製造工程」では、前カバー、裏カバーは細かく砕かれ、洗浄して異物を取り除いた後、部品として成型される。次に品質検査に合格したリユース部品と、樹脂成型でつくられたリサイクル部品によって、再び製品に組み立てられる。

こうしたシステムの採用で、リユース率は90％に達した。また、原料の少量化、リデュースにも徹底的にこだわった。開発当初の「写ルンです」（フラッシュ付き、35 mmフィルム）の重量は170 gだったが、最新製品では90 gまで減量、資源を節約している。こうした努力の結果、環境負荷は大きく減り、二酸化炭素の63％カットに成功したという。

同社のこの試みについて、「製品を売るのでなく、機能を売る21世紀型のメーカー」として「ファクター10」の提唱者、F・シュミット・ブレークらは高く評価している。「サービサイズ社会」（後述）への道を示唆しているともいえよう。

第3節　システムを変えよう──「サービサイズ」という考え方

1999年にアメリカのテラス研究所のアレン・ホワイトらが、アメリカ環境保護庁に提出した報告書に「サービサイズ（Servicize）」という用語が登場する。製品ベースのサービス提供が進むことによって、製造業とサービス業の境界があいまいになることを指している。以下、倉阪秀史『環境を守るほど経済は発展する』（朝日新聞社）によって、その実例を紹介する──。

①化学薬品の販売→化学薬品管理サービスの販売

例えば、薬品会社のキャストール・インダストリアル・ノースアメリカでは、化学薬品管理サービスを販売するようになった。化学薬品管理サービスとは、化学薬品の調達、配送、検査、帳簿管理、貯蔵、ラベル管理、廃棄といった一連の管理を行うことで、化学薬品をムダに使わないようにするとともに、従来は廃棄されていた使用後の化学薬品をリサイクルできるようになった。

②家具・カーペットの販売→内装サービス

インターフェイス社は、顧客に対して、一定の見かけのカーペットをずっと維持する「エバーグリーン・リース」というサービスを提供している。同社は

タイル状のカーペットを、一定期間が経てば張り替え、使用後のカーペットをリサイクルしている。「分子1個たりともムダにしない。新しい素材は使わない」という徹底したリサイクルである。

③塗料の販売→塗装サービスの販売

デュポン社は、塗料を販売する代わりに、車の塗装台数当たりで代金を支払う契約をフォード社と結んだ。これによって、より少ない塗料で車を塗装できれば、デュポン社は儲かることになる。

④燃料の販売→暖房サービスの販売

パリの集中暖房業者は、石油、ガス、電力などのエネルギーを販売するのでなく、顧客に対して、顧客の住空間を一定期間、一定の費用で一定の温度に保つ、というサービスを提供している。燃料を販売する業者は、消費者が燃料をムダ遣いしてくれれば儲かるが、暖房サービス会社は少ない燃料で暖房を提供した方が儲かる。

これらのケースでは、環境への負荷を軽減させるという努力が見事に「企業の利益」に結びついている。こうした「新しい仕組み」「環境を守るほど経済は発展する仕組み」をつくることこそが、「循環型社会へ」の道ではなかろうか。

第4節　地方の挑戦──菜の花エコ革命

菜の花からのクリーンな燃料で自動車を走らせよう。それは地球温暖化防止に役立つはずだし、琵琶湖のよみがえりにも一役かえるはず──。琵琶湖湖東の小さな町愛東町で、「菜の花自動車」が発進した。それは21世紀の「循環型社会」へのロマン溢れる挑戦でもある。

1. 前史

（1）赤潮発生

この琵琶湖湖岸の住民による「菜の花エコプロジェクト」には、琵琶湖の汚染と戦った見事な前史がある。当事者である藤井絢子ら編著『菜の花エコ革命』

(創森社）によりながらみていきたい。

　1977（昭和52）年5月27日、琵琶湖に大規模な赤潮が発生する。わが国最大の淡水湖・琵琶湖は673.9 km^{2}で滋賀県の面積の約6分の1を占め、貯水量も275億tに達する。そして滋賀県だけでなく、京都、大阪、兵庫など、近畿1,400万人の飲み水を提供している。そこに赤潮が発生してしまったのだ。

　「このままでは琵琶湖は死んでしまう」。懸命の原因究明が始まる。そして原因が「富栄養化」だということが分かってくる。水中に窒素やリンといった栄養塩が増える現象で、人間にたとえれば糖尿病である。この「富栄養化」の結果、プランクトンの増殖が盛んになり、水質が悪化するのだが、琵琶湖の場合は「ウログレナ」というプランクトンの異常発生が、1977年の赤潮の原因だった。琵琶湖には四百数十本の河川が流れ込む。そして滋賀県に降る雨のほとんどが琵琶湖に流れ込む。生活排水も工場排水も農業排水も――琵琶湖はすべての受け皿だった。

　そしてその頃、滋賀県によって「驚愕のデータ」が発表される。「滋賀県がまとめた資料によれば、1975（昭和50）年に県内の家庭、工場、農地、山林および降雨から発生したリンは1日約2tとされ、そのうち約4分の1が家庭用合成洗剤から発生した」（『菜の花エコ革命』）。主婦たちは「私たち一人ひとりも琵琶湖を汚す犯人」という苦い事実を噛みしめることになる。

　実はこの赤潮発生の数年前から、「琵琶湖の水質を守るためにも、合成洗剤でなく、安全な粉石鹸を使おう」という運動が、滋賀県では始まっていた。その機運が赤潮発生で一気に拡大する。

（2）武村知事の登場と「石鹸条例」

　この時期、滋賀県知事は42歳の武村正義だった。1934（昭和9）年、滋賀県八日市市生まれ。東大卒で、自治省（現総務省）から八日市市長になった人物で、1974（昭和49）年に40歳で滋賀県知事に当選。知事を3期務め、衆議院議員に転身、1993（平成5）年の政界再編では新党さきがけを結成、細川内閣で官房長官、「自・社・さ」政権で大蔵大臣も務めている。

　その武村だが、知事時代は織田信長の命日である毎年6月、信長の築いた安土城の天守閣跡に立ち、琵琶湖を望むのが習慣だった。

「400年前に、信長が眺めた湖はどんなにきれいだったろうか。こう思いをはせ、琵琶湖の浄化を目指した」（東京新聞、2004年12月5日付）というのである。

その武村が赤潮発生の1977（昭和52）年の9月、「2つの条件が整えば、合成洗剤を規制する条例の制定を具体的に考える」と公表する。ひとつは「石鹸の自主的な普及が50％を超えること」、もうひとつが「条例による合成洗剤の規制がやむを得ないとする世論が概ね3分の2を超えること」だった。そして同知事は石鹸使用率が4割を超え、目標の5割の展望が持てるようになった1979（昭和54）年3月の県議会で、「秋に条例案を提案する」と発表するのである。

日本石鹸洗剤工業会は、新聞の意見広告や折り込みで、「合成洗剤は悪くない」「下水道整備をなおざりにし、合成洗剤だけを琵琶湖汚染の原因として槍玉にあげるのはおかしい」などと主張、自民党県議などに強く働きかけるが、条例化の流れを変えることはできず、「琵琶湖条例」（県民はこれを「石鹸条例」と呼ぶ）は、1979（昭和54）年10月の県議会で満場一致で可決され、翌1980（昭和55）年7月1日から施行された。業界と県の間では、「合成洗剤の販売禁止は憲法で保証された財産権、職業選択の自由を侵し、違憲」（工業会）、「いや、営業の自由といえどもあくまで公共の福祉に反しない範囲で認められるものだ」（県）といった憲法論争まで戦わされたが、世論を背に県が押し切ったのだった。条例はリンを含む合成洗剤の「購入」「使用」「贈答」を禁じるという厳しい内容で、もちろん全国初。「住民と行政が共同でつくり出した」という点も大きな特徴だった。

（3）滋賀県環境生協

時間を少し戻す。赤潮発生（1997年5月）の数か月前に、実は「廃食油を回収し、石鹸にリサイクルする」という運動が琵琶湖東南部の草津、守山、近江八幡、八日市など4市17町をエリアとする「湖南消費生活協同組合」（理事長・細谷卓爾）という地域生協の手で始まっていた。廃食油（テンプラを揚げた後の油）で、粉石鹸をつくるという運動で、廃食油回収に協力する家庭は1979（昭和54）年には1万世帯だったが、数年後には6万世帯に拡大、粉石鹸の生産も月産25tにまでなっていた。しかし、琵琶湖の汚染はそれでも止ま

らない。1983（昭和58）年にはさらなる水質悪化を示す「アオコ」が発生する。なぜか——。その原因のひとつが「単独浄化槽」だった。滋賀県では下水道整備が遅れていたため、新興住宅地を中心にこの「単独浄化槽」が急激に増えていた。し尿だけを「単独で」浄化する装置で、台所や風呂の水はそのまま垂れ流され琵琶湖に注ぐ。しかも、国が定める排水基準は単独浄化槽の処理水では、BOD（生物化学的酸素要求量）90ppm。家庭排水も一緒に処理する合併浄化槽の20ppmに比べても甘かった。このため住民運動は、石鹸運動と「合併浄化槽」普及運動とを、併せ進めていたのだった。

そうした運動の中で1991（平成3）年1月、知事の許可を得て「滋賀県環境生協」（理事長・藤井絢子）が正式発足する。「環境」を掲げた全国唯一の生協で組合員は3,700人。リサイクル、合併浄化槽の普及、エコ商品の普及などの事業に取り組むのである。

2. 菜の花エコプロジェクト

（1）粉石鹸ピンチに

1980（昭和55）年7月の琵琶湖条例の施行で、リンを含む合成洗剤の購入や使用が禁止となったのだが、何と「条例は憲法違反」としてきた洗剤メーカーは、「無リン合成洗剤」を開発し、条例制定からわずか5か月後の1980（昭和55）年3月から、滋賀県を重点地区に販売を開始する。この新洗剤も「環境汚染物質排出移動登録」の対象となっている合成界面活性剤（LAS）などの化学物質を含んでおり、琵琶湖の水質に負担をかけるのだが、県条例では取り締まれない。そして消費者は使い勝手がよく、「白さ」と「香り」を宣伝する新洗剤に、あっさりと飛びついていくのである。その結果、条例誕生直前には70％を超えていた石鹸使用率がたちまち下がり、1982（昭和57）年には「粉石鹸だけ」という人は50％を割り、1990（平成2）年には30％にまで落ち込んだ。回収された廃食油が行き場を失う——というピンチに見舞われたのだった。

（2）石鹸から車両燃料に

1992（平成4）年、藤井らはピンチ打開の新しいヒントをつかむ。新聞の片隅に「東京の廃食油業者がテンプラ油を燃料に自動車を走らせている」という

小さな記事をみつけたのだった。「そんなことができるのか」と環境庁に問い合わせると、「アメリカやヨーロッパでは、大豆油やナタネ油で車を走らせている」という回答が戻ってきた。そこで「ワラをもつかむ気持ち」（藤井）で、データを集め、藤井はドイツに飛ぶ。その結果、ドイツではナタネ油を軽油の代わりに使うBDF（バイオ・ディーゼル・フューエル）がしっかりと普及、菜種の植付け面積は100万ha近く、全国に800か所ものスタンドがあることを知るのである。

BDFは軽油と違って硫黄酸化物を出さない。黒煙の発生も軽油の3分の1以下である。二酸化炭素はBDFの燃焼時に出るが、それは植物が成長する過程で吸収されたもので、国際的にも「二酸化炭素の収支はゼロ」とみなされていることも知った。「私たちの回収している廃食油も汚れているとはいえ植物油。汚れを取り除いてBDFをつくることができれば、地球温暖化防止にも貢献できるのでは」と藤井たちは考えたという。

1993（平成5）年、滋賀県工業技術センターの助力で、実験室レベルで、廃食油燃料化の可能性を探る実験が始まる。半年後、廃食油から精製したBDFができ上がった。祈るようなまなざしの中、環境生協の配送車、漁船、農業機械での使用実験が行われる。テスト結果はいずれも「OK」だった。

(3) 愛東町でスタート

藤井は「何とかBDF精製のテストプラントをつくりたい」——と環境庁に掛け合う。「生協に直接助成金は出せないが、町にだったら出せる」という回答だった。藤井の脳裏に瞬時にひとつの自治体が浮かんだ。琵琶湖東岸の愛東町。人口5,700人の小さな町だが、町と町民が熱心に石鹸運動に取り組んできたし、藤井らとも長い付き合いがある。藤井の呼びかけに町長柿田仁敏は「やりましょう」と即座に答えた。

1995（平成7）年3月、助成金をもとにテストプラントが愛東町に設置された。プラントの精製能力は1日100ℓ。プラントは地元の中小企業の手で製造された。

さらに新しい展開も生まれた。愛東町が「愛東イエロー菜の花エコプロジェクト」という新たな行動に移ったのだ。まず、菜の花を休耕田に植える。それ

を搾油してナタネ油をつくり、学校給食や家庭で利用する。ナタネ油を絞ったときに出る「油カス」は肥料や飼料として活用し、畜産から出てくるふん尿は生ゴミとともに堆肥化されたり、エネルギー利用されたりする。

一方、食用油として使われた廃食油は回収され、BDFとして再利用される。BDFは自動車や農業機械の燃料として利用され、そこから出る二酸化炭素は新たに育てる菜の花が、光合成で吸収する。これによって地域内に「資源循環」をつくり出す、というのが「愛東イエロー菜の花エコプロジェクト」なのだ。すでに愛東町では1999（平成11）年に、町内2か所で230アールのナタネの播種が行われ、町の公用車1台が、BDFで走っている。

(4) 県も参加

滋賀県も県庁内の8部局で「菜の花プロジェクトチーム」を結成、県内5か所、5.5 haで菜の花を栽培した。7.7 tのナタネを収穫、菜種油を県庁食堂で利用した後、廃食油を民間工場でBDFに精製、行事の際のシャトルバスの燃料に20％、BDFを混ぜて実験している。

2001（平成13）年度には、琵琶湖の環境学習船「うみのこ」の燃料に使う実験を行った。「うみのこ」の年間軽油使用量は約20万ℓだが、そこにBDFを10％（約2ℓ）混ぜ、燃焼系統への影響などを調査した。異常や不都合は出ていない。その他、滋賀県農業総合センターでは、100％BDFでトラクターを動かす実験も行っている。

3. 全国へ

BDFプラントは1996（平成8）年の愛東町を皮切りに、翌1997（平成9）年には八日市市、1998（平成10）年には香川県善通寺市、滋賀県新旭町、新潟県上越市などに相次ぎ導入された。

そして2001（平成13）年、第1回の「菜の花サミット」が新旭町で開かれ、全国27都県から500人が集まった。第2回（2002年）は青森県横浜町、第3回（2003年）は広島県大朝町、第4回（2004年）は茨城県で開かれ、第5回（2005年）は淡路島での開催が決まっている。2004年現在で、北海道から沖縄まで100を超す団体や自治体が、この菜の花を通してネットワークに参加している。

4. 意義とは…

こうした広がりの背景には何があるのだろうか。「ロマン」といえないだろうか。「我慢」や「身を削る運動」だけでは本当の元気は出てこない。菜の花に未来を託すというロマンが、多くの人を突き動かしたのではなかろうか。

さらに福祉や公共交通との連動も注目される。滋賀県新旭町では社会就労センターの廃食油回収作業やBDF精製作業を委託している。公共交通機関のない香川県豊島では、菜の花畑を島内に広げ、そこから生まれるBDFでバスを走らせることを計画している。すでに80aの休耕田で菜の花の栽培が始まった。

菜の花の広がりは、間違いなく「夢の広がり」である。

参考文献
D. H. メドウズら『成長の限界』ダイヤモンド社、1972年。
環境と開発に関する世界委員会編『地球に未来を守るために』福武書店、1987年。
吉田文和『廃棄物の汚染の政治経済学』岩波書店、1998年。
加藤三郎『循環社会創造の条件』日刊工業新聞社、1998年。
三橋規宏『日本経済グリーン国富論』東洋経済新報社、2000年。
倉阪秀史『環境を守るほど経済は発展する』朝日新聞社、2002年。
吉田文和『循環型社会』中央公論新社、2004年。
藤井絢子ら編著『菜の花エコ革命』創森社、2004年。

第 8 章

循環都市・江戸

　農業社会という枠組みの中ではあるが、見事に循環社会、持続可能な社会を実現したのが江戸時代であり、江戸という町だった。現在の市民運動でも、そうした「江戸の知恵」から学んだ成功例が少なくない。

第1節　世界に先駆けた環境都市

1．江戸という時代

　江戸時代は1603（慶長8）年の開府から、1867（慶応3）年の大政奉還まで、15代、265年続いた。そしてこの時代、首都江戸も、日本列島も世界に類をみない循環社会、環境先進地で、「エド・システム」として世界的に高く評価されている。江戸は人口約100万人の大都市、日本全体では江戸時代末期、3,200万人だったが、鎖国のためエネルギー、食糧は完全自給で、自然環境の営みを生活に取り込み、工夫をこらして環境を保持し、「人間と自然」の折り合いをつけた今でいう「持続可能な社会」だったのである。

2．植物国家・江戸

　江戸という時代の最大のキーワードは、石川英輔が言うように「植物国家」かもしれない。好例は「紙」である。江戸時代、日本は世界有数の製紙大国だった。しかし、紙を使った後のゴミをどうするのかとか、森林の荒廃をどうするかなどの問題を抱え込む現代の紙社会と違って、江戸は紙をめぐる見事な「循環社会」をつくり上げていた。

　石川は言う。

現在の紙は、大きく成長した樹木を切り倒して作ったパルプを原料としているから、一度、森林を伐採すればまた10年以上も木の生長を待たなくてはならない。ところが江戸時代の和紙の主な原料だったコウゾ（楮）は、春から成長したいわゆる一年生の枝だけを十一月頃に切って皮をはぎ、繊維だけを精製して紙を漉いた。つまり、製紙原料もほかの農作物と同じようにその年の太陽エネルギーだけを利用して必要量を作ることができたから、森林を切り払って原料とする現代の製紙とは、かなり異質な技術だったのである。（「環境問題で悩まない100万都市江戸の社会システム」『江戸時代にみる日本型環境保全の源流』、農文協）

加えて、その和紙は紙として極めて良質だった。

　私は江戸時代の寺小屋で使った教科書を少し集めているが、その中に安永7年（1778）に京都で発行された算術の教科書がある。裏表紙には明治20年（1887）とあり、最後の持ち主らしい兄妹の名前が連著してある。つまり、一冊の教科書が少なくとも109年にわたって大勢の子供たちに使い続けられたことになる。（中略）和紙は繊維が長くて丈夫なため、3、4回ぐらいは漉き返して再生できたから、反故紙はちり紙交換の先祖である《紙屑買い》によっていねいに買い集められた。買うだけの資本のない《紙屑拾い》が、道端に落ちている紙切れを拾い集めて売るだけでもいくばくかの金になったから、道路が紙屑だらけだなどということはあり得なかった。（石川、前掲書）

　こうした製紙大国の背景には、豊かな森林とそれを守った幕府の政策があったことも見逃せない。1666（寛文6）年2月2日付けで、幕府老中から「諸国山川掟」という三カ条の法令が出されているが、そこでは木の根の掘り出しを禁じ、苗木の植え立てを命じている。

3. 江戸時代とゴミ
　江戸という時代もゴミが出なかったわけではない。ゴミまでも利用したので

ある。植物は燃やせば灰になるが、その灰が多様に利用できた。肥料になったし、酒造や染色などにも使った。灰汁は家庭の洗剤だった。

人間の排泄物までが「下肥」という貴重な資源として売買の対象になっていた。これは当時のロンドンやパリなどに比べ、実に見事な循環システムだった。

1600年頃、ロンドンは2階から便器のし尿が通りに投げ捨てられるという「不衛生都市」だった。パリも同様で、ビクトル・ユゴーの『レ・ミゼラブル』の第5部第2編「怪物の腸」はそっくり、19世紀のパリの下水道の描写にあてられている。それによると――。ゴミもふん尿も動物の死骸もこの中に流され、何も処理されずにセーヌ川に流れ込んでいた。「すべてを肥料にすれば、当時のフランスの国家予算の4分の1に相当する金額が節約できる。パリは年に2,500万フランの金を水に投じている」というのがユゴーの嘆きである。

江戸の「下肥」だが、江戸のし尿はすべて近郊農家が引き受け、肥料にしていた。土地の生産性は当時、世界一だった。渡辺善次郎によれば、幕末の江戸の12軒長屋の例をみると、し尿代金は1年間で5両くらいになった。米1石が1両前後の時代で、年間5両が大家の取り分となった。大家は今でいうアパートの管理人のような存在で、オーナーは別にいた。大家には、オーナーからの手当てより多い、し尿収入が入ってきたという。

武家や町屋も、し尿を野菜などと交換した。大人1人分が1年で大根50本、ナス50個くらいだった（渡辺善次郎「白魚の棲む隅田川と臭気のテームズ川」『江戸時代にみる日本型環境保全の源流』、農文協）。

その結果、隅田川の河口には白魚が棲み、将軍に献上された。白魚はBOD（生物化学的酸素要求量）3 ppm以下の清流にしか棲めない。一方、ロンドンのテムズ川は――。1858年の夏（江戸末期）、テムズ川の悪臭で、川端の国会議事堂では議員や大臣が逃げ回っていた。

4．江戸の5R

今風にいえば、江戸は「5R社会」だった。

①Repair社会――壊れたものを修繕して使う社会。提灯屋（提灯の張り替え

をする)、錠前直し、鋳かけ屋（鍋、釜の穴をふさぐ）、刃物の研ぎ屋、たが屋（樽や桶の修理）などの職業があった。

②Reuse 社会——使用済みの樽を集めて再利用する古樽買い、古着を買い集める古手屋など専業の下取り商人がいた。

③Rental and Lease 社会——個人で本を持たない（持てない）人のために貸し本屋があり、庶民の知識欲を満たした。都市では家を持たない階層が多く、18世紀末の江戸では64％が借家住まいだったと推計されている。

④Recycle 社会——先に触れたように、ごみ取り、紙くず拾い、火事場の釘拾い、照明用のろうそくから流れた蝋を買う「ろうそく流れ買い」、かまどの灰を集める「灰買い」などがあった。

⑤Reduce 社会——「もったいない」精神を背骨とする、資源節約型の社会だった。家庭エネルギー（明治前期—昭和初期）でも、日本は年間1人当たり石炭換算で250 kg程度で、アメリカ人の約5分の1だったという。

5. 江戸文明（日本文明）

こうした循環型、自然と折り合いをつけるという環境先進都市江戸は、どんな文明、どんな精神文化を生んだのだろうか。桐山桂一『江戸宇宙』（新人物往来社）が極めて興味深い。同書によりながら、江戸文明の一端をみてみたい。

（1）礼節の文明

江戸しぐさ——。「仕草」でなく「思草」と書く。

その1。雨の日に往来ですれ違うとき、お互い、傘を外側に傾けることを「傘かしげ」、人ごみですれ違うとき、お互いに右肩を引いて体を斜めにするのが「肩引き」。相手の都合も聞かずに相手を訪問することは、「時泥棒」といって厳しく戒められた。足組みは相手を軽く見ることになるので厳禁、腕組みも禁物だった。

その2。「おはようございます」という社員のあいさつに上司が、「おはよう」と答えたら、江戸商人の世界では失格。「おはようございます」と同格で答えるのが正しかった。仏様の前では皆、平等、と考えられていたからである。

（2）多様の文明

　18世紀前半の江戸で、「手習い」と呼ばれる寺小屋が少なくとも約800、明治初期では1,100を数え、識字率は70％〜80％に上った。英国では都市でも20％〜25％にすぎなかった。そうした土台の上に「百花繚乱」ともいうべき地方文化が花開く。各地の特産品にそれがみえる。松前（北海道）の昆布、出羽（山形）の最上紅花、越後（新潟）の縮布、尾張（愛知）の瀬戸焼、山城（京都）の京羽二重、阿波（徳島）の藍玉、紀伊（和歌山）のみかん、土佐（高知）の鰹節、薩摩（鹿児島）の黒砂糖――など。当時260くらいあった藩は、独立経済圏だったという。

（3）寛容の文明

　1877（明治10）年の東京。ある夏の夜、アメリカ人の動物学者モースは、隅田川に出かけた。ちょうど花火があって、何千人もの人々が川岸に集まっていた。提灯に灯を入れた屋形舟も無数に繰り出していた。

　　モースも一そうの船に乗った。花火見物の屋形舟がひしめき合う中を舟は行く。船頭は長い竿を巧みに操って、行き交う舟と舟との間を避けて進んでいく。
「ありがとう」
「ありがとう」
「ごめんなさい」
　　船頭たちが交わす会話を聞きつつ、モースは感心した。舟と舟を飛び交う言葉が、感謝やいたわりに満ちていたからである。《この大混雑の中でさえ、不機嫌な言葉を発する者は1人もなく只（ただ）「アリガトウ」「アリガトウ」或（ある）いは「ゴメンナサイ」だけであった。かくの如き優雅と温厚の教訓!》…。（桐山、前掲書）

　今、残念ながら日本人ドライバーは、混雑の交差点の中では怒号しか交わさないであろう。モースが感嘆した「在りし日の日本人」は、どこへ消えてしまったのだろうか。

第2節　今に生きる江戸の知恵

　環境先進都市・江戸が持っていた知恵は、今に生きている。あるいはその知恵で成功した市民運動もある。

1. 三富新田
（1）壮大な設計

　江戸の農家の形態の「ある典型」を紹介、そこでの循環をみてみよう。埼玉県入間郡三芳町、所沢市内に広がるのが「三富新田」である。三富とは、上富（三芳町）、中富（所沢市）、下富（同）の総称で、1694（元禄7）年、川越藩主だった柳沢吉保の手で開拓が始められた畑作の新田である。吉保の命を受けた江戸の開拓プランナーは壮大な設計図を描いた。約1,400 haの茅野の荒地を3地区（上富、中富、下富）に分け、縦、横に幅7mから11mの道路を造る。その道の両側を、間口約72m、奥行き約675mの短冊状に区画した。その短冊状の土地は、道路沿いを屋敷地、真ん中を耕地、最奥部を平地林（ヤマと呼ぶ）という形で3つに地割りする――という計画だった。

　1696（元禄9）年、新田開拓は完成、開拓された土地は241戸の農家に、均等に分与された。1戸当たり5町歩（約5万㎡）だった。この三富新田の最大の特徴は、「屋敷林・耕地・平地林」の3点セットにある。狙いは落ち葉の堆肥化による循環農業。痩せた土地の武蔵野台地では、「1反（991.7㎡）の畑に1反のヤマの落ち葉が必要」とされた。そこで5町歩の半分を思い切って林に当て、その落ち葉で痩せた土地を肥沃な新田に変えていった――というのが三富の歴史である。この徹底した循環システムのおかげで、後に三富は「三富の芋」といわれるサツマイモの一大産地となり、江戸の食糧基地の役割を果たしたし、戦後の食糧危機も救ったのである。また、屋敷林、平地林は耕地の土の飛散を防いで保水の役割をし、薪も提供した。

（2）2つのピンチ

　その後は――。残念ながら今、三富は2つのピンチに見舞われている。その

1は人手不足である。落ち葉を集める人手がない。そこでボランティアが落ち葉集めを始めた。三芳町とJAいるま野が主催、「体験落ち葉はき」を呼びかけたところ、都市市民がボランティアとして続々、参加した。1日がかりで集めた落ち葉は農家の堆肥場に運ばれ、やがて畑地の肥料になる。江戸の知恵がこうして受け継がれている。

　その2は――。相続税問題だ。バブル期以後は、3億円、4億円といった税が課せられている。耕地については納税猶予制度があるが、平地林はその適用が受けられない。農家は平地林を手放すか、物納するしかない。いずれにしろ、このままでは江戸の貴重な遺産が消えていく。三富の林は開拓当時に比べ、現在は半分以下（三芳町役場）という。

2. アサザ基金
（1）消えたアサザ

　茨城、栃木、千葉の3県にまたがり、琵琶湖に次ぐ日本第二の湖が霞ヶ浦。かつて湖岸は葦の原などで覆われていたが、この湖を首都圏の水がめにするという計画が持ち上がり、湖岸は100％、コンクリート護岸になってしまった。その結果、岸近くの波が打ち返しで強くなり、葦は根こそぎやられて、湖は汚染されていく。葦が汚水浄化の役目を担っていたのだった。

　後に「NPO法人アサザ基金」の呼びかけ人、そして代表理事になる飯島博は1994（平成6）年春から、霞ヶ浦の湖岸線250kmを小学生と一緒に歩くという「湖岸調査」を始めていた。自然再生のヒントを探す調査でもあった。そして飯島は、コンクリート護岸と水面の殺風景なコースの中で、わずかに水草アサザの群落が残る地点だけは波が穏やかで、魚や野鳥などの生きものが集まっていることに気づき、「アサザの復活を」と考える。アサザは霞ヶ浦を代表する浮葉植物で、8月から9月に美しい黄色の花を咲かせる。

　1995（平成7）年、市民100人がアサザを植えた。しかし、1週間もしないうちにアサザは根こそぎ、流されてしまった。アサザが根づくまでの間、波を抑えるものが必要だったのだ。

（2）古書との出会い

　魚の行き来を妨げず、しかも植えたアサザが増えて沖に広がっていくのを邪魔しないもの、管理が簡単で、いずれは消えてなくなるものはないだろうか――と考えた飯島はやがて、江戸時代のある書物に出会う。『日本農書全集』（農文協）に収められている甲斐の国の治水の書『川除仕様帳』である。この書には洪水に対処するに当たり、「弓や鉄砲は威力があり、硬いものに当たればこれを壊すが、幕に当たれば矢も玉も留まり、幕は傷つくことはない」との趣旨が書かれていた。水を強制的に閉じ込めるのではなく、和らげよ――と勧めていたのだ。さらに同書は、「粗朶」（雑木の小枝を束ねたもの）を用いて川の堤を造る――とも書いている。

　飯島はこれにヒントを得て、水源林からの間伐材で作った杭を湖の岸に沿って打ち込み、その杭の間に、これも水源林を手入れして出るクヌギやコナラの枝を束ねた「粗朶」を詰め込めば、波消しの堤になると考えた。霞ヶ浦オリジナルの「粗朶消波堤」である。「粗朶」は漁礁にもなるとあって霞ヶ浦の漁民もこの計画に賛成した。さっそく「粗朶消波堤」の建設に取り組み、その内側（岸寄り）にアサザを植えてみる。今度は見事に成功した。

　粗朶消波堤は、コンクリート製の消波堤と違って、枝を束ねただけだから隙間だらけだ。その隙間を通って波が通り抜け、打ち返しもない。波は和らげられ、アサザが流されることもなく、湖底に根を張ることができる。そして、やがては粗朶は腐敗して水に溶け、5年、10年と経てばアサザはさらに沖にも広がっていける――という仕掛けである。

　1999（平成11）年、「アサザ基金」がNPO法人となった。市民、子供たち、漁協、行政、農業関係者、森林組合、研究者らが「協働する場」、ネットワークの正式誕生だった。

　アサザの里親として種子から育て、育った苗を湖に植え戻すのは流域の小学校の子供たち。これは170校、7万人を超す参加――という大成功だった。

　次は粗朶をどう作るかである。2001（平成13）年、アサザ基金が中心となって、有限会社「霞ヶ浦粗朶組合」がつくられる。

粗朶消波堤の採用によって、当初は流域の森林組合から間伐材（杉や檜などの針葉樹）を供給する体制をつくることができたが、粗朶（雑木の枝）を供給することはできなかった。粗朶は雑木林（落葉広葉樹林）を管理（下草刈りや間伐等）することで生産される。しかし、流域の雑木林は使われなくなってから30年以上も経っていて、どこも荒れ放題である。雑木林を利用する暮らしや産業がなくなって久しいからである。

　流域の雑木林から粗朶を供給するためには、新しく産業（地域との結びつき）を生み出すしかない。流域の雑木林の手入れを行い、その時に発生する雑木の枝を集めて粗朶をつくり、湖の再生事業（粗朶消波堤）に供給する産業が必要である。アサザプロジェクトに参加してきたさまざまな自営業者や企業に呼びかけて、（有）霞ヶ浦粗朶組合を結成することになった。環境再生事業がきっかけで、流域に新しい産業が生まれたのである。これにより、環境保全以外にも雇用創出など社会的効果も生まれた。（飯島博「アサザプロジェクトの挑戦」『水をめぐる人と自然』、有斐閣）

　2001（平成13）年冬にはシルバー人材センターなどを通じて1日30人延べ5,000人が集まったという。「1日1万5,000円程度の収入」というから地元にとっては、貴重な雇用の場だ。

　こうして源流の活動と下流の湖の活動がつながった。さらに飯島らは湖近くの休耕田復活も進めるなど、「流域一体の活動」を前進させている。

（3）市民型公共事業

　2001（平成13）年度、国土交通省がアサザプロジェクトの提案を受け入れる。約34億円の予算で、約20kmにわたる湖岸に、同プロジェクトが編み出した手法での「粗朶消波堤造り」を実施したのだ。もちろん、前例のない初の「市民型公共事業」である。これまでの役所の体質を乗り越えた「英断」は、高く評価されていい。

　今では霞ヶ浦には計11個所、「粗朶消波堤」が造られている。

（4）100年の計

　飯島らは「100年の計」をこう、描いている。

10年後——アサザの波消し効果で、葦原が沖に広がり、葦原のオオヨシキリが営巣する。
20年後——岸には柳林ができ始め、夏にはカッコウが鳴き、冬はオオハクチョウが来る。
30年後——オオヒシクイが1,000羽になる。
40年後——コウノトリが棲む。
50年後——鶴が来る。
100年後——朱鷺（トキ）のいる風景を取り戻す。

「自然の回復度を人間が測るのはおこがましい。生きものに語ってもらおう」という飯島の言葉が、この市民運動の豊かな思想を物語っている。

参考文献
渡辺京二『逝きし世の面影』葦書房、1998年。
鬼頭宏『環境先進国江戸』PHP研究所、2002年。
鬼頭宏『文明としての江戸システム』講談社、2002年。
桐山桂一『江戸宇宙』新人物往来社、2004年。

第9章
明日へ——水素社会への道

いつの日にかやってくる化石燃料の枯渇、それより早く私たちを襲うであろう地球温暖化の危機——。私たちの未来は何とも暗いが、安全で、持続可能なエネルギー、それを基礎として持続可能な社会を構想することはできないものだろうか。そう考えていくと、大きく浮上してくるのが「水素社会」である。

1. 脱炭素化の歴史

人類が利用するエネルギー源は、「木材→石炭→石油→天然ガス」という形で推移してきた。

> 1850年には木材が世界のエネルギー使用量の90％近くを占めていたが、そのシェアは徐々に減りつづけ、1890年代には石炭とおよそ半分ずつになり、やがて石炭が上回った。石炭のシェアは1910年代には約60％まで上昇し、それから低下したが、60年代までは燃料の中心に位置して、その後その座を石油に譲った。99年には、化石燃料時代末期のもう一つの画期的な出来事として、天然ガスの使用量が初めて石炭の使用量を上回った。現在、石油、天然ガス、石炭のシェアは、それぞれ、32％、22％、21％で、この三つの燃料で世界のエネルギーのおよそ四分の三を占めている。(ワールドウオッチ研究所『地球白書2001－02』、家の光協会)

こうしたエネルギーの歴史は実は、新しいエネルギー源が登場するたびに、その燃料中の水素原子に対する炭素原子の割合が減るという歴史だった。換言すれば、エネルギーの歴史とは「脱炭素化」の歴史だった。

まず、薪、木炭の場合、炭素と水素の原子数の比率は、「炭素10に対し水素1（H1 + C10）」だった。それが石炭になると「炭素原子2に対し水素原子1（H1 + C2）」で、木材に比べ大きく炭素原子数を減らしている。

さらに石油では、「炭素1に対し水素2（H2 + C1）」、天然ガスに至っては「炭素1に対し水素4（H4 + C1）」である。

このように新たなエネルギー源が登場するたびに炭素が減り、二酸化炭素の排出量も減ってきたのである。

2. 終着点の水素

脱炭素の「終着点」は水素。炭素原子を1つも含まない水素が未来のエネルギー源となれば、人類がその誕生以来営々と続けてきた「炭化水素エネルギーの時代」が幕を下ろすことになる。嬉しいことに、水素は宇宙で最も豊富に存在し、あらゆる形態のエネルギーの中で最も軽く、最も無形に近い。「夢のエネルギー」といわれる由縁である。

3. 何から水素をつくるのか

燃料電池車のところで触れたが、「燃料電池」とは水素と酸素を原料に、電気を起こす発電装置で、自動車の場合は燃料電池車（FC車）と呼ばれる。この装置の中で水素は電子と水素イオンに分かれ、その電子が銅線を伝わることで電気が生じる。問題は「どうやって水素をつくるか」である。

水素はガソリンやメタノールなどからもつくることができるが、過渡期技術としては意味を持っても、原料が化石燃料のこの方式は完全な「脱炭素化」とはいえない。風力発電、太陽光発電、バイオマス発電などでクリーンで再生可能な電気をつくり、そのエネルギーで水を分解して水素を、取り出すという形（これをクリーン水素と呼ぶ）こそが、「水素社会」の本当の姿であろう。

水素の生み出し方は各国、各地方でそれぞれ違ってこよう。

風力発電の盛んなオランダのアムステルダム市やドイツのハンブルク市は風力発電から水素を作るし、日照時間の長いスペイン・バルセロナ市では太

陽光発電、スウェーデン・ストックホルム市は水力発電の電気を送電してもらい、水素を作る。(最首公司『水素の時代』、エネルギーフォーラム)

4. 始動

「水素時代」に向けての挑戦はすでに始まっている。地球温暖化対策に消極的なアメリカが実は、この「水素」に積極的である。最首公司・前掲書によれば、1998年、シカゴ市交通局はFCバス3台を走らせ、2年間の試験中に約10万人の乗客を輸送して水素の安全性のテストをした。続いて2000年には、カリフォルニア州の州都サクラメントで、州政府の主導で「カリフォルニア州燃料電池パートナーシップ計画」が発足、ＦＣ乗用車、ＦＣバス50台以上の走行テストが開始されたし、2001年には水素スタンドも設置された。

そして今、世界の熱い注目を集めているのがアイスランドである。

1999年2月、アイスランドは世界初の水素経済を立ち上げるために、政府その他の国内機関、ダイムラー・クライスター、シェル・バイドロジャン、ノルスク・ハイドロによる100万ドルの合弁会社をスタートさせた。この合弁事業体「アイスランド・ニューエナジー」は、この構想を勧告したアイスランド議会の委託研究から生まれたもので、政府は現在、再生可能エネルギー源の利用拡大を推進して（地熱と水力発電で同国のエネルギーの70％を供給する）、水素を生産することを公式の政策としている。この戦略はまずバスからスタートし、続いて乗用車と漁船に応用、2030年から2040年のあいだに水素への転換を完了する目標となっている。……ハンブルク（ドイツ）の補給ステーションは、ゆくゆくはアイスランドから水素を輸入することを計画している。(ワールドウオッチ研究所、前掲書)

世界地図でアイスランドを改めて探すと、北大西洋に浮かぶ小さな島国であることに気づく。北海道と四国を合わせたほどの広さで、人口に至ってはわずか29万人と、日本の中小都市並みだ。しかし、火山国で地熱エネルギーはたっぷりあり、この地熱と水力で、同国の発電の99.9％がまかなわれている。

このあり余る自然エネルギーで水素をつくり、アイスランド国内から化石燃料を一掃、車の燃料、家庭暖房、工場、オフィスの電力やエネルギーをすべて、水素エネルギーでまかなう計画で、余剰はヨーロッパに輸出する。「21世紀の北のバーレーン」を目指しているのである。それは決して「夢物語」ではない。動き出した現実の戦略である。

5. 水素社会の夢

水素社会は私たちに、どんな暮らし、どんな夢をもたらしてくれるのか。ジェレミー・リフキンが近著『水素エコノミー』(NHK出版)の中で、ドイツ・ハンブルク市に1999年1月13日に完成した商業用水素補給ステーションのオープニングセレモニーで、オルトヴィン・ルンデ市長が述べた演説を紹介している。引用をお許しいただきたい。

　　通りは静かになります。車が走り過ぎても、タイヤの音がして一陣の風を感じるだけです。排気管からの騒音はありません。街の空気はきれいになります。排気ガスがほとんど出ないからです。歩道を散策する人々が顔をしかめることも、旅行者が往来の悪臭をきらってカフェに逃げこむこともありません。夕暮れどきの一杯を屋外で楽しめるようになるのです。

水素社会の残る課題はコストだが、ワールドウオッチ研究所では、「今後10年位で、太陽光発電、風力発電のコストが、天然ガスに肩を並べるのでは」と予測している。

6. 誰が主役か

日本でも屋久島(鹿児島県)が「水素社会」への挑戦を始めた。「1か月に35日雨が降る」といわれる多雨地帯で、その豊富な水を利用した水力発電で水素をつくる。水素ステーションを島内に3か所つくり、島の9,000台の車に水素を供給する計画である。水力は65万台分の水素をつくる能力があるといい、隣の種子島に「輸出」するプランも検討された。種子島は全島、火力発電である。屋久島

にはすでに、ホンダが燃料電池車 2 台を持ち込み、試験運転を始めている。

　屋久島の例のように水素は、どんな地域でも工夫をこらせばつくり出すことができる。中央管理、大企業独占でないエネルギーを生み出すことができる、というのが「水素社会」のもうひとつの重要な要素である。

　人類は史上初めて、いたるところに存在するエネルギーを手にしようとしている。推進派が「永遠のエネルギー」と呼ぶ水素だ。いずれ水素は、パソコンや携帯電話や情報末端なみに安価になる。そのときには、エネルギーは真に民主的なものになり、地球上のあらゆる人間が利用できる道が開けるだろう。（リフキン、前掲書）

エネルギーの明日が私たちの明日の暮らし、明日の幸せに直結している。

参考文献
ジェレミー・リフキン『水素エコノミー』NHK出版、2003年。
最首公司『水素の時代』エネルギーフォーラム、2004年。

あとがき

　私の通う桜美林大学（東京都町田市）で始まった「エコキャンパス化」の動きを紹介することで、「あとがき」に代えたい。
　2005年4月7日、キャンパス内に風車1基が建った。「環境問題は机上の勉強だけではダメ。足元からの実践を」を合言葉に、学生たちが中心となって大学当局に働きかけ、佐藤東洋士学長の英断で実現した風車である。イギリス製の「プルーベン　ＷＴ―2500」で、全長12.75 m、羽根（3枚羽根）の直径3.5 m。太陽光発電との組み合わせで、1年間に約3,800 KW時を発電する。建設費は約1,600万円だった。
　この日、学生代表と佐藤学長が風車のスイッチを押した。風車は数秒のためらいの後、勢いよく回転、発電を始めた。期せずして「やった！」の歓声と拍手が巻き起こる。息を呑んで見上げていた学生たちの頭上で、桜の花びらが乱舞、セレモニーに彩りを添えた。
　今も風車は、学内の一角で学生たちの希望と夢に応えるべく、5月の薫風を受けて軽やかに回り続けている。そして学生たちは第2弾として、「モンゴルに風車を贈ろう」との運動を始めた。石炭火力のモンゴルでは、冬場には煙で空が真っ黒になってしまう――というモンゴルからの留学生の訴えを聞き、「風の強いモンゴルにこそ風車を」の運動がスタートしたのだった。大学に風車が建つ、それも学生主導で――。21世紀初頭の今、時代の潮目は確実に変わり始めているという気がしてならない。

　キャンパスのエコ化については今、さまざまなプランが検討されている。私は大学構内にレバノン杉を植えることを提案している。「まえがき」で触れたが、私たちは2004年の晩夏にレバノンを訪れ、地元の保存会から何本かのレバノン杉の苗を託されてきた。この苗が大木に育つには何百年、何千年の月日が

必要だ。もとよりその頃、私はこの世にいないが、何本かのレバノン杉が大学の丘にすっくと立つ姿を想像すると心が躍る。

　レバノン杉はさまざまに物思いを誘う木である。

　最後になったが、出版の労をお取りいただいた大学教育出版の佐藤守氏に厚く感謝したい。

2005 年 7 月

著者

■著者紹介

伊藤　章治（いとう　しょうじ）

1940（昭和15）年、旧満州（中国東北部）生まれ。名古屋大学法学部卒。1964（昭和39）年から中日新聞（東京新聞）記者として、四日市公害、地球サミット（1992年、ブラジル）、「COP3」（第3回気候変動枠組み条約締約国会議、京都）などを取材。
2001年4月から桜美林大学教授（環境史）。

主な著書

『原点・四日市公害10年の記録』（勁草書房、1971年）、『震災無防備都市』（共著、勁草書房、1979年）、『タイ最底辺』（勁草書房、1984年）、『現場が語る環境問題』（勁草書房、1995年）、『夢みたものは』（幻冬舎、1997年）、『人間の時代へ』（共著、KTC中央出版、2001年）など。

エコ講座
文明・産業と環境

2005年10月10日　初版第1刷発行

■著　　者——伊藤章治
■発　行　者——佐藤　守
■発　行　所——株式会社 **大学教育出版**
　　　　　　〒700-0953　岡山市西市855-4
　　　　　　電話(086)244-1268(代)　FAX(086)246-0294
■印刷製本——モリモト印刷㈱
■装　　丁——ティーボーンデザイン事務所

Ⓒ Syoji ITOU 2005, Printed in Japan
検印省略　　落丁・乱丁本はお取り替えいたします。
無断で本書の一部または全部を複写・複製することは禁じられています。

ISBN4-88730-641-5